科学养土鸡
实操图解

主　编　魏刚才　滕战伟　李振林
副主编　李春艳　徐　敏　李凤娟　张慧利
编　者　王文芳（河南省濮阳市水资源中心）
　　　　李振林（河南省卫辉市农业农村局）
　　　　李春艳（河南省新乡市动物检疫站）
　　　　李凤娟（河南省新乡市延津县农业农村局）
　　　　李凤琴（河南省新乡市获嘉县农业农村局）
　　　　张慧利（河南省焦作市农产品质量安全检测中心）
　　　　赵永静（河南省濮阳市菜篮子发展中心）
　　　　徐　敏（新乡工程学院）
　　　　魏刚才（河南科技学院）
　　　　魏里朋（海南大学）
　　　　滕战伟（河南科技学院）

机械工业出版社

本书系统介绍了土鸡的特性与优良品种、土鸡的营养需要与日粮配制、土鸡场的设计与环境控制、种用土鸡的饲养管理、商品土鸡的饲养管理、肉蛋兼用型土鸡的饲养管理、土鸡场的经营管理和土鸡的疾病防治等科学养土鸡技术。本书紧扣当前生产实际，通过深入浅出、通俗易懂的文字并配以大量生动直观的图片和表格，清楚地描述了土鸡生产的关键技术。本书注重科学性、系统性、实用性和先进性。

本书适合土鸡场饲养技术人员、管理人员和养殖户阅读，也可以作为大专院校、农村函授及相关培训班的辅助教材和参考书。

图书在版编目（CIP）数据

科学养土鸡实操图解/魏刚才，滕战伟，李振林主编. —北京：机械工业出版社，2024.6

ISBN 978-7-111-75677-4

Ⅰ.①科…　Ⅱ.①魏…②滕…③李…　Ⅲ.①鸡-饲养管理-图解　Ⅳ.①S831.4-64

中国国家版本馆 CIP 数据核字（2024）第 081826 号

机械工业出版社（北京市百万庄大街 22 号　邮政编码 100037）
策划编辑：周晓伟　　　　　　　责任编辑：周晓伟　王　荣
责任校对：龚思文　李　杉　　　责任印制：单爱军
保定市中画美凯印刷有限公司印刷
2024 年 6 月第 1 版第 1 次印刷
169mm×230mm · 11.25 印张 · 250 千字
标准书号：ISBN 978-7-111-75677-4
定价：98.00 元

电话服务　　　　　　　　　　　网络服务
客服电话：010-88361066　　　机 工 官 网：www.cmpbook.com
　　　　　010-88379833　　　机 工 官 博：weibo.com/cmp1952
　　　　　010-68326294　　　金 书 网：www.golden-book.com
封底无防伪标均为盗版　　　　　机工教育服务网：www.cmpedu.com

随着人们生活水平的不断提高，对禽产品质量要求也越来越高。我国的土鸡（地方品种鸡）骨细、皮薄、肉厚、肉质嫩滑、味香浓郁、营养全面，土鸡蛋蛋白浓稠、蛋黄颜色深、风味好，正好符合人们对禽产品质量的要求，深受消费者青睐，极大地促进了土鸡养殖业大发展，使其成为我国养鸡业中的一个新兴产业，也成为农村新的经济增长点。我国的土鸡养殖虽然具有悠久的历史，但传统的饲养方法已不能适应规模化土鸡养殖业的发展要求，已影响到生产效益，需要采用先进的养殖技术来科学养殖。为提高土鸡养殖水平和生产效益，特组织有关人员编写了本书。

本书图文并茂，系统介绍了土鸡的特性与优良品种、土鸡的营养需要与日粮配制、土鸡场的设计与环境控制、种用土鸡的饲养管理、商品土鸡的饲养管理、肉蛋兼用型土鸡的饲养管理、土鸡场的经营管理和土鸡的疾病防治等科学养土鸡技术。本书紧扣当前生产实际，通过深入浅出、通俗易懂的文字并配以大量生动直观的图片或表格，清楚地描述了土鸡生产的关键技术。本书注重科学性、系统性、实用性和先进性，不仅适合土鸡场饲养技术人员、管理人员和养殖户阅读，也可以作为大专院校、农村函授及相关培训班的辅助教材和参考书。

需要特别说明的是，本书所用药物及其使用剂量仅供读者参考，不可完全照搬。在生产实际中，所用药物学名、通用名和实际商品名称存在差异，药物浓度也有所不同，建议读者在使用每一种药物之前，参阅厂家提供的产品说明以确认药物用量、用药方法、用药时间及禁忌等。购买兽药时，执业兽医有责任根据经验和对患病动物的了解确定用药量及选择最佳治疗方案。

本书图片主要是家禽生产课题组多年教学、科研与养鸡生产服务的资料，为充实内容，也引用了某些养禽专家发表的部分珍贵彩图，在此一并致谢。

由于编者水平有限，书中难免会有错误和不当之处，敬请广大读者斧正。

编 者

Contents 目 录

01

第一章

土鸡的特性与优良品种

第一节 土鸡的特性

土鸡又名草鸡、本地鸡，是我国劳动人民长期选育出的地方鸡种。土鸡多是纯种，虽然生产性能与现代杂交品种鸡有差距，但具有耐粗食、易饲养、肉质好（骨细肉厚、皮薄、肉质嫩滑、味香浓郁、营养全面）等特点，可以生产出符合现代人要求的质优、绿色、安全的食品，深受消费者喜爱。

一、土鸡的外貌特征

土鸡的外貌是由头部、颈部、躯体部、尾部、腿部以及羽毛等构成的。

| 体形结构 | 外观清秀，胸肌丰满，腿肌发达，胫短细或适中，头小，颈长短适中，羽毛美观。母鸡翘尾、公鸡尾呈镰刀状。一般体形较小 |

| 冠形 | 冠形多样，如桑葚冠、豆冠、玫瑰冠、杯状冠、角冠、平头冠和毛冠等。土鸡冠大、颜色红润(乌冠除外)，肉髯发达，有的有胡须 |

| 羽毛特征 | 羽毛丰满，紧贴身躯。羽色斑纹多样，不同品种差异明显，有白色羽、红色羽、黄色羽、黑色羽、芦花羽、浅花羽、青色羽、栗羽、麻羽、灰羽、草黄色羽、金色羽、咖啡色羽等。公鸡颈羽、鞍羽、尾羽发达，有金属光泽。土鸡的羽色是其天然标志，要根据消费者的不同需求来选留合适的羽色和花纹 |

| 体表颜色 | 皮肤有白色、黄色、灰色和黑色等；喙、胫脚的颜色有白色、肉色、深褐色、黄色、红色、青色和黑色等，有的呈黄绿色和蓝色。土鸡以光胫为主，但也有毛胫、毛脚。趾有双四趾的，有一侧四趾一侧五趾的，也有双五趾的。趾短直，不像笼养蛋鸡那样长。土鸡的胫部较细，与其他肉鸡有明显的不同。消费者对皮肤颜色和胫色要求不同，黄色皮肤和青色、黄色的胫消费者较喜欢 |

二、土鸡的繁育方法

1. 纯种繁育

纯种繁育指用同一品种内的公母鸡进行配种繁殖，有目的地进行系统选育，能不断提高该品种的生产能力和育种价值，所以，无论在种鸡场还是商品生产场都被广泛采用。

甲品种（♂）×甲品种（♀）
↓
甲品种鸡

【注意】 纯种繁育容易出现近亲繁殖而引起后代的生活力和生产性能降低，体质变弱，发病率、死亡率增多，种蛋受精率、孵化率、产蛋率、蛋重和体重等下降。为避免近亲繁殖，每隔几年应从外地引进体质强健、生产性能优良的同品种种公鸡进行配种。

2. 杂交利用

不同品种间的公母鸡交配称为杂交。由两个或两个以上的品种杂交所获得的后代，具有亲代品种的某些特征和性能，丰富和扩大了遗传物质基础和变异性，因此，杂交是改良现有品种和培育新品种的重要方法。由于杂交一代常常表现出生活力强、成活率高、生长发育快、产蛋产肉多、饲料转化率高、适应性和抗病力强的特点，所以在生产中利用杂交生产出的具有杂种优势的后代，作为商品鸡是经济而有效的。

（1）杂交亲本的选择　土鸡的杂交以有特殊性状的品系选育为基础，确定父系和母系两个选育方向，再用父系公鸡和母系母鸡杂交生产 F_1 代土鸡。特殊性状是指羽色、胫色、冠形和肤色等标志性性状（土鸡的标志性性状多为质量性状）。如芦花羽系，选择芦花羽的公鸡和母鸡建立核心群，淘汰杂种芦花羽公鸡，选育出纯种芦花羽公鸡和母鸡建立芦花羽系；再如青胫品系，青胫属隐性基因 ID 控制，选择青胫的公鸡和母鸡建立核心群，选育出纯种青胫品系。

杂交亲本的选择

 父系　要求体形大、肌肉丰满、早期生长速度较快、肉质滑嫩、味道鲜美。羽毛以快羽最佳，丰满有光泽，羽色杂。鸡冠发育较早，鸡冠鲜红。胫以青色最好。生产性能好

 母系　要求体形中等、肉质鲜嫩、骨细、产蛋率高、蛋重较大，适合于各种饲养方式。羽毛以快羽最佳，紧凑体躯，羽色多样（每个羽色品系羽色相同）。性成熟早，鸡冠发达，鸡冠的颜色以鲜红为主，也可以是乌冠。胫、喙以青色、黑色为佳，黄色少，其他胫色均可

【提示】 选择的父系公鸡和母系母鸡杂交后获得的 F_1 代必须符合土鸡的外貌特征和生产性能要求。

（2）杂交利用模式　土鸡选育的目的就是通过品系间、品种间或品系与品种间杂交配套生产出符合市场需求的商品土鸡。亲本品系、品种选择确定后，品系、品种间杂交，进行配合力测定，选出最佳杂交配套模式用于生产商品土鸡。杂交利用模式的主要方式如下：

1）品种间、品系间或两品系间杂交配套。这种杂交利用模式实际上是二元杂交和级进杂交。例如：

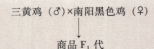

三黄鸡（♂）×南阳黑色鸡（♀）

↓

商品 F_1 代

（F_1 代土鸡羽色有黄色、红色、灰色和麻色等。胫色以黄色为主，有黑胫黄脚、黑胫黑脚等特征）

澳洲黑（♂）×固始黑羽鸡（♀）

↓

澳洲黑（♂）×F₁代鸡（♀）

↓

商品F₂代

（澳洲黑公鸡与固始黑羽母鸡级进杂交生产的F₁代土鸡有黑羽、麻羽和少量灰羽、咖啡色羽。F₂代土鸡生长速度快。这种杂交利用模式速度快、见效快、成本低，大约1年时间可杂交配套生产出F₂代土鸡）

　　2）三元杂交。采用三个品系或三个地方品种、三个品系或品种之间等杂交配套生产F₂代土鸡。例如：

黄羽系（♂）×黑羽系（♀）

↓

麻羽系（♂）×F₁代鸡（♀）

↓

商品F₂代

（F₂代商品土鸡含有两个以上地方品种或品系的血缘，羽色、胫色混杂，生长速度快、鸡群整齐度稍差，适合需求杂羽色和杂色胫的消费者）

　　3）杂交选育。这种方式是采用品种间、品系间或品种与品系间杂交产生的后代闭锁繁育，再经过3~10年培育出纯系和杂交配套品系的一种方法。这种方法耗时、成本高、见效慢，育种实践中应用较少。例如：

黄羽（♂）×隐性白羽白洛克（♀）

↓

F₁代（♂、♀）

（F₁代公鸡与母鸡横交固定，逐步建立黄羽纯系鸡种，淘汰每代出现的隐性白羽鸡。再用地方品种的公鸡与新培系的黄羽纯系母鸡杂交配套生产F₁代供应市场。这种方式有利于在杂交配套生产土鸡的同时培育纯系，为育种企业的长期发展奠定基础）

第二节　土鸡的优良品种

　　土鸡是我国的地方品种鸡，包括标准土鸡品种和选育土鸡品种。

一、标准土鸡品种

1. 桃源鸡

　　桃源鸡原产于湖南省桃源县，分布在沅江以北、延至上游的三阳港、余家坪一带。它以体形高大而驰名，也称桃源大鸡。20世纪60年代，该品种曾先后在北京和法国巴黎展览。

◀ 体形高大，体质结实，羽毛蓬松，体躯稍长，呈长方形。单冠，冠齿为7~8个，公鸡冠直立，母鸡冠常偏向一侧。耳叶、肉髯鲜红。虹彩呈金黄色。桃源鸡早期生长发育缓慢，90日龄公鸡体重为1093.5克，母鸡体重为862克。成年公鸡平均体重为3.34千克，母鸡平均体重为2.94千克。母鸡500日龄产蛋量为86~148枚，平均蛋重为53.4克，蛋壳呈浅褐色。

【提示】 为提高生产性能，在选育的基础上，可有计划地开展杂交利用，朝向肉鸡商品化方向发展。

2. 清远麻鸡

清远麻鸡原产于广东省清远市。它以体形小、皮下及肌纤维间脂肪发达、皮薄、骨细、肉质优良而著名，肥育性能良好，屠宰率高，为我国出口的小型土种肉仔鸡之一。

◀ 体形特征概括为"一楔"（母鸡体形极像楔形，前躯紧凑、后躯圆大）"二细"（指两脚较细）"三麻身"（指鸡背部羽毛呈麻黄、麻棕、麻褐三种不同颜色）。单冠直立，颜色鲜红，冠齿为5~6个。肉髯、耳叶鲜红，虹彩为橙黄色。120日龄体重，公鸡为1250克，母鸡为1000克。成年公鸡平均体重为2.24千克，母鸡平均体重为1.75千克。开产日龄为180日龄左右，年产蛋量为70~80枚，平均蛋重为46.6克，蛋壳呈浅褐色。

3. 惠阳胡须鸡

惠阳胡须鸡（三黄胡须鸡、龙岗鸡、龙门鸡、惠州鸡），原产于广东省惠阳区，是我国突出的优良地方肉用鸡种。它以胸肌发达、早熟易肥、肉质鲜嫩、颌下具有胡须状髯羽和黄羽等外貌特征而驰名中外，成为我国活鸡出口量大、经济价值高的传统商品肉鸡，在我国香港、澳门市场久负盛名。

◀ 胸深而背短，后躯丰满，体呈方形。头稍大，喙黄色，单冠直立、鲜红，无肉髯或仅有小肉髯，颌下有发达而张开的羽毛，形状似胡须（有乳白、淡黄、棕黄三色）。成年公鸡体重为2~2.5千克；母鸡体重为1.5~2千克；12周龄公鸡平均体重为1140克，母鸡平均体重为845克。惠阳胡须母鸡6月龄左右开产，年产蛋量为45~55枚，平均蛋重为46克。

【提示】 惠阳胡须鸡8周龄前生长速度较慢，生长最快阶段是8~15周龄。肥育性能良好，脂肪沉积能力强。可利用这一优良资源开展杂交配套利用，既能保持惠阳胡须鸡的外貌特征，又能较快地提高繁殖力和生长速度。

4. 仙居鸡

仙居鸡（梅林鸡）主要分布在浙江省仙居县及邻近的临海、天台、黄岩等县。肉质好、味道鲜美可口，早熟、产蛋多、耗料少，觅食力强。原为浙江省小型蛋用地方鸡种，现向肉蛋兼用型方向选育。

◀ 体形较小，体形结构紧凑，体态匀称，骨骼致密。成年公鸡冠直立，以黄羽为主，主翼羽红夹黑色，镰羽和尾羽均呈黑色，成年体重平均为1.4千克；成年母鸡冠矮，羽色较杂，以黄羽占优势，尚杂有少量白、黑羽，成年体重平均为1.15千克。开产日龄为180日龄，年产蛋量为160~180枚，高者可达200枚以上，平均蛋重为42克左右，壳色以浅褐色为主。配种能力强，可按公母性比1∶（16~20）进行组群。受精率可达到94.3%，受精蛋的孵化率为83.5%。

5. 固始鸡

固始鸡原产于河南省固始县，主要分布于淮河流域以南，大别山脉北麓的固始、商城、新县、淮滨等10个县市。它是我国优良的肉蛋兼用型鸡种。固始鸡外观紧凑、灵活，活泼好动，动作敏捷，觅食能力强。

◀ 头部清秀、匀称，喙为青黄色，略短、微弯。眼大，略向外突出，虹膜呈浅栗色。皮肤呈暗白色，胫部为靛青色，无胫羽。有单冠与豆冠两种冠型，以单冠为主。冠、肉髯、耳叶与脸均为红色。固始鸡的躯体中等，体形细致紧凑，羽毛丰满。固始鸡的性成熟期较晚，平均开产日龄为205日龄，年产蛋量为141枚，平均蛋重为51.4克。150日龄公鸡体重8457克，母鸡体重6516克。公母的配种比例为1∶12，种蛋受精率为90.4%，受精蛋的孵化率为83.9%。

【提示】　河南固始三高集团利用固始鸡的肉质优、风味好、耐粗饲、觅食力强、抗病力强、高腿等优良特性，培育出适宜放养的优质高效专门化的新品系，实行生态放牧生产。供种单位为固始县三高集团、中国农业科学院。

6. 杏花鸡

杏花鸡因为主产地在广东省封开县杏花乡而得名。它具有早熟、易肥、皮下和肌间脂肪分布均匀、骨骼细、皮薄、肌纤维细嫩等特点，适于制作白切鸡。其属小型土著鸡品种，也是我国主要活鸡出口品种之一。

◀ 典型特征是三黄（黄羽、黄胫、黄喙）、三短（颈短、胫短、体躯短）、二细（头细、颈细）。成年平均体重，公鸡为2.9千克；母鸡为2.7千克。放养条件下，年产蛋量为60~90枚；在良好的人工饲养条件下，年平均产蛋95枚，平均蛋重为45克左右，蛋壳呈褐色。

【提示】　以肉质好，味道鲜美名列广东三大名鸡之一。广东省有关部门已建立了杏花鸡种鸡场，对其保种起到了一定作用。广东省家禽研究所还利用它作为"仿土黄鸡"三系配套杂交生产商品肉鸡。

7. 霞烟鸡

霞烟鸡原产于广西壮族自治区容县下烟村，肉质好，肉味鲜，白切鸡块鲜嫩爽滑，深受消费者欢迎。但繁殖力低，羽毛着生慢。在保障优良肉质和风味的前提下，尚需提高其生产性能。

◀ 体躯短而圆，腹部丰满，整个外形呈方形，呈明显肉用型体征。单冠，肉髯、耳叶均为鲜红色。虹彩呈橘红色，喙基部呈深褐色，喙尖呈浅黄色。平均体重，成年公鸡为 2.18 千克，成年母鸡为 1.92 千克。开产日龄为 170~180 日龄，产蛋量为 80 枚左右，选育后的鸡群年产蛋量可达 110 枚左右，平均蛋重为 43.6 克，蛋壳呈浅褐色。

8. 河田鸡

河田鸡主产于福建省长汀县、上杭县。分大型与小型两种，体形外貌相同。河田鸡生长慢，肉质鲜美，深受我国港、澳市场欢迎。

◀ 颈部粗、体躯较短、胸部宽、背阔、腿胫骨中等长，体躯呈长方形。皮肤呈白色或黄色，胫呈黄色，单冠直立（公鸡大、母鸡小）。耳叶呈椭圆形、红色。喙的基部呈褐色，喙尖则呈浅黄色。成年公鸡平均体重为 1.94 千克，母鸡为 1.42 千克。开产日龄为 180 日龄左右，年产蛋量为 100 枚左右，平均蛋重为 42.9 克，蛋壳以浅褐色为主，少数呈灰白色。

9. 北京油鸡

北京油鸡（或中华宫廷黄鸡）主要分布于北京市朝阳区的大屯和洼里。它以肉味鲜美、蛋质优良著称。曾作为宫廷御膳用鸡，距今已有 300 余年的历史。

◀ 个体中等，具有黄羽、黄喙和黄胫的"三黄"和罕见的毛冠、毛腿和毛髯的"三毛"特征。冠型为单冠。20 周龄公鸡平均体重可达 1500 克；母鸡达 1200 克。开产日龄为 150~160 日龄，年产蛋量为 110 枚。选育鸡群年产蛋量可达 140~150 枚，蛋重为 50~54 克。蛋壳颜色大多为浅褐色。

10. 狼山鸡

狼山鸡原产于长江三角洲北部的江苏省南通市的如东县，南通市通州区也有分布，是我国古老的兼用型鸡种。狼山鸡体形分为重型与轻型两种，狼山鸡的羽毛颜色分为黑色、黄色和白色 3 种，但以全黑色的为多，白色的最少，杂色羽毛的几乎没有。现主要保存了黑色鸡种。在国外，狼山鸡还与其他品种鸡杂交，培育出了诸如澳洲黑鸡、奥品顿等新品种。

◀ 体格健壮，羽毛紧密，头昂尾翘，背部较凹。头部短圆，脸部、耳叶及肉髯均呈鲜红色，白皮肤，黑色胫。500 日龄成年公鸡体重为 2.84 千克，母鸡为 2.283 千克，年产蛋量为 135~170 枚，平均蛋重为 58.7 克。公母配种比例为 1：（15~20），种蛋受精率达到 90.6%，受精蛋孵化率为 80.8%。

11. 大骨鸡（庄河鸡）

大骨鸡主产于辽宁省庄河市，在庄河市周边也有大量养殖，由当地鸡与寿光鸡杂交，经长期选育而形成，是我国较为理想的肉蛋兼用型土鸡种。其产肉性能较好，屠宰率较高，蛋大、壳厚，破损率较低。

◀ 体形高大有力，胸深背宽。单冠，冠、耳叶和肉髯均呈红色。喙、胫和趾均呈黄色。成年公鸡体重为 2.9 千克；母鸡约为 2.3 千克。开产日龄为 213 日龄左右，年产蛋量为 160~180 枚，蛋重为 62~64 克，蛋壳呈深褐色。种鸡群的最适公母配比为 1∶（8~10）。

12. 萧山鸡（越鸡）

萧山鸡产于浙江省的萧山、杭州、绍兴、上虞、余姚、慈溪等地。早期生长速度较快，屠体皮肤呈黄色，皮下脂肪较多，肉质好而味美。近年来浙江省农业科学院等单位对萧山鸡进行了选育和开发工作。

◀ 体形较大，外形近方而浑圆。单冠，冠、耳叶和肉髯均呈红色。喙、胫和趾均呈黄色。成年公鸡体重平均为 2.75 千克；成年母鸡体重平均为 1.95 千克。开产日龄为 164 日龄左右，年产蛋量为 110~130 枚，蛋重为 53 克左右。种鸡群的最适公母配比为 1∶12。

13. 鹿苑鸡

鹿苑鸡产于江苏省鹿苑、塘桥、妙桥和乘航等地，属肉用型土著鸡品种。其早期生长速度较快，产肉性能较好，屠宰率较高。

◀ 体形高大，胸部较深，背部平直。全身羽毛呈黄色，紧贴体表。胫、趾为黄色。成年公鸡体重为 3.1 千克，母鸡约为 2.4 千克。开产日龄为 180 日龄左右，平均年产蛋量为 144.7 枚，平均蛋重为 55 克左右。种鸡群的最适公母配比为 1∶15。

【提示】 "七五"期间，鹿苑鸡被列入国家科委攻关子课题之一，进行了系统选育和杂交试验，使相同体重上市时间提前了 30 日龄，现已在华东地区进行推广养殖。

14. 峨眉黑鸡

峨眉黑鸡原产于四川省峨眉山、乐山、峨边三地沿大渡河的丘陵山区，属肉蛋兼用型。由于上述地区交通不便，长期在山区放牧散养，形成了外形一致、遗传性能稳定的土鸡品种。

◀ 体形较大，体态浑圆。全身羽毛呈黑色，有金属光泽。大多呈红色单冠，少数有红色豆冠或紫色单冠或豆冠。喙、胫呈黑色，皮肤呈白色，偶有乌皮。成年公鸡体重为 3 千克，母鸡体重为 2.2 千克。开产日龄为 210 日龄左右，年产蛋量为 120 枚，平均蛋重为 54 克，蛋壳呈褐色。

15. 寿光鸡

寿光鸡产于山东省寿光市，淮县、昌乐、益都、广饶等邻近各县也有分布，属肉蛋兼用型土著鸡品种，以蛋重大而著称。其主要有大型和中型两种，还有少数是小型。

◀ 外貌雄伟，体躯高大，体形近似方形。白色皮肤，胫、趾呈灰黑色，以黑羽、黑腿、黑嘴的"三黑"特点著称。大型成年公鸡体重为 3.609 千克，母鸡为 3.305 千克，240 日龄开产，年产蛋量为 117.5 枚，蛋重为 65～75 克；中型成年公鸡体重为 2.875 千克，母鸡为 2.335 千克，145 日龄开产，蛋重为 60 克。蛋壳呈褐色。

16. 汶上芦花鸡

汶上芦花鸡产于山东省汶上县及附近地区。体表羽毛呈黑白相间的横斑羽，俗称"芦花鸡"。

◀ 体形呈"元宝"状。单冠多，有少量其他冠形。喙基部为黑色，喙尖端呈白色。虹彩呈橘红色。胫部、爪部颜色以白色为主。皮肤呈白色。成年公鸡体重为 1.4 千克左右，母鸡为 1.26 千克左右。开产日龄为 150～180 日龄。年产蛋量为 180～200 枚，高的可达 250 枚以上。平均蛋重为 45 克，蛋壳颜色多为粉红色，少数为白色。

17. 浦东鸡（九斤黄）

浦东鸡产于黄浦江以东地区，属肉用型土著鸡品种。屠体皮肤呈黄色，皮下脂肪较多，肉质优良。

◀ 体形硕大宽阔，近似方形。其具有黄羽、黄喙、黄脚的特征。单冠直立，冠、肉髯、耳叶和睑均呈红色，胫呈黄色，少数有胫羽。成年公鸡体重为 3.6～4.0 千克；母鸡为 2.8～3.1 千克。开产日龄平均为 208 日龄左右，平均年产蛋量为 100～130 枚，最高可达 216 枚，平均蛋重为 57.8 克，蛋壳呈浅褐色。种鸡群的最适公母配比为 1：10。

18. 卢氏鸡

卢氏鸡主产于河南省卢氏县境内，是我国优良的小型肉蛋兼用型鸡种，在 20 世纪

80年代就被收入《中国畜禽良种志》。卢氏鸡个体轻巧、觅食力强、耐粗饲，其生活习性、肉蛋品质与野鸡十分相似。卢氏鸡肉质鲜嫩，味道可口，香味浓郁，是理想的天然绿色食品；鸡蛋有青绿色和粉白色两种，蛋黄占全蛋的35%，明显高于普通鸡，尤其是绿壳蛋具有"三高一低"（高硒、高锌、高碘和低胆固醇）的特性，被誉为"鸡蛋中的人参"。

◄ 体形结实紧凑，后躯发育良好，羽毛紧贴，颈细长，背平直，翅紧贴，尾翘起，腿较长，冠型以单冠居多，少数为凤冠。喙以青色为主，黄色及粉色较少。胫多为青色。公鸡羽色以红黑色为主，占80%，其次是白色及黄色。母鸡以麻为多，占52%，分为黄麻、黑麻和红麻，其次是白鸡和黑鸡。成年公鸡体重为1.7千克，母鸡1.11千克。开产日龄为170日龄，年产蛋量为110~150枚，蛋重为47克，蛋壳呈红褐色和青色，红褐色占96.4%。

19. 丝羽乌骨鸡

丝羽乌骨鸡是我国的一个地方品种，由于独特的体形外貌、性情温顺、适应性强，在国际标准中被列为观赏型鸡，世界各地动物园纷纷引入作为观赏型禽类。同时，它还具有极大的药用和保健价值。

◄ 纯种乌骨鸡的外貌特征表现为"十全"，即桑葚冠、缨头、绿耳、胡须、丝羽、五趾、毛脚、乌骨、乌肉、乌皮。除了白羽丝羽乌骨鸡，还培育出了黑羽丝毛乌鸡。成年公鸡体重为1.3~1.5千克；母鸡为1.0~1.25千克；开产日龄为170~180日龄，平均年产蛋量为100枚左右，平均蛋重为40克左右，蛋壳呈浅白色。

【提示】 丝羽乌骨鸡除作为观赏和药用外，在我国已作为特种土鸡大力推广饲养。

二、选育土鸡品种

1. 岭南黄鸡

岭南黄鸡是广东省农业科学院畜牧研究所家禽研究室利用现代遗传育种技术选育成功的优质、节粮、高效的黄羽肉鸡新品种。其包括优质黄羽矮小型肉鸡品系4个，优质黄羽正常型肉鸡品系5个，均不含有隐性白羽血缘。为了达到节粮高效的目的，岭南黄鸡生产配套的基本模式是父本侧重生长速度，母本侧重产蛋性能。目前，推出的配套系有岭南黄鸡Ⅰ、Ⅱ、Ⅲ号，Ⅰ号为中速型，Ⅱ号为快大型，Ⅲ号为优质型。在全国参加测试的14个黄羽肉鸡品种中，岭南黄鸡是生长速度和饲料转化率最好的黄鸡配套系，产品质量达到国内领先水平，适合于南、北方各省市场。

◀ 父母代饲养成本低，产蛋多；商品代饲料转化率高，初生雏能自别性别，准确率达99%。经国家家禽生产性能测定站检测，42日龄公母鸡平均体重为1302.94克，料肉比为1.83∶1，成活率为98.9%。

2. 江村黄鸡 JH-1 号土鸡型

江村黄鸡是由广州市江丰实业有限公司培育的优良品种。

◀ 鸡冠鲜红直立，喙黄而短，全身羽毛均黄，被毛紧贴，体形短而宽，肌肉丰满，肉质细嫩，鸡味鲜美，皮下脂肪特佳，抗逆性好，饲料转化率高。其既适合于大规模集约化饲养，也适合于小群放养。种鸡68周龄产蛋量达155枚，商品代100日龄母鸡体重达1.4千克，料肉比为3.2∶1。

3. 康达尔黄鸡

康达尔黄鸡是由深圳市康达尔养鸡公司选育而成的优质三黄鸡配套系。

◀ 既有地方品种三黄鸡肉质嫩滑、口味鲜美的优点，又有增重较快、胸肌发达、早熟、脚矮、抗病力强的遗传特性。商品鸡16周龄上市，公鸡体重为2.3千克，母鸡体重为1.86千克，料肉比为3.2∶1。

4. 新浦东鸡

新浦东鸡是由上海市农业科学院畜牧兽医研究所主持培育而成的土著肉用鸡种。其保留了浦东鸡的体形大和肉质鲜美的特点，克服了早期发育和羽毛生长缓慢的缺点，是用作肉鸡生产和活鸡出口较为理想的品种。

◀ 黄羽，黄脚，黄趾，肤色微黄，喙部色泽不一，眼睑、耳朵呈黄色。鸡冠为单冠。成年公鸡平均体重为4.3千克，母鸡体重为3.4千克。26周龄开产，500日龄产蛋量为140~152.5枚；种蛋合格率为85%~95%，平均受精率为90%，受精蛋孵化率为80%。料肉比（0~70日龄）为（2.6~3.0）∶1。

5. 绿壳蛋鸡

绿壳蛋鸡是中国特有禽种，因产绿壳蛋而得名，是世界罕见的极品，具有体形较小、结实紧凑、行动敏捷、匀称秀丽、性成熟较早、产蛋量较高等特点。成年公鸡体重为1.5~1.8千克，母鸡体重为1.1~1.4千克，年产蛋量为160~180枚。人们在黑凤乌鸡的基础上选育出麻羽系和黑羽系等品种。如招宝绿壳蛋鸡、东乡黑羽绿壳蛋鸡、新杨绿壳蛋鸡、三益绿壳蛋鸡、昌系绿壳蛋鸡等。

◀ 东乡黑羽绿壳蛋鸡体形较小，产蛋性能较高，适应性强，羽毛全黑、乌皮、乌骨、乌肉、乌内脏，喙、趾均为黑色。单冠直立，母鸡耳叶呈浅绿色，公鸡呈紫红色。成年母鸡体重为 1.1~1.4 千克，公鸡体重为 1.4~1.6 千克；开产日龄为 152 日龄，500 日龄产蛋量为 160~170 枚，平均蛋重为 50 克。现新培育的绿壳蛋鸡品种多含其血液。

三、土鸡品种的选择

土鸡品种繁多，又各有不同的经济特点和适应性，必须进行科学选择和引进。

市场需求　随着消费者对健康饮食的需求增加，土鸡的消费量逐步上升。人们对生活品质的要求提高，对绿色、有机、环保等概念的认识越来越深入，土鸡作为一种绿色、健康的食品，市场需要会进一步扩大

生产性能　未经系统选育的品种，群体整齐度较差，羽色、体貌、体重大小不够整齐，生产性能低；经过选育的品种体形外貌一致，生产性能较好。要根据市场价格和销售方式确定

饲养条件　放养时应选择腿长、奔跑力、觅食力和抗病力强、肉质好的小型土鸡，尽管生长慢一些，但成活率高，市场售价高，经济效益较好；圈养可选择选育的土鸡品种（这些鸡生长速度相对比较快、体重比较大，但觅食能力和活动能力差）

种鸡管理　种鸡场的管理水平直接影响到其后代的质量和生产性能表现。要选择管理严格、信誉度高和有资质的种鸡场引种

四、品种引进的注意事项

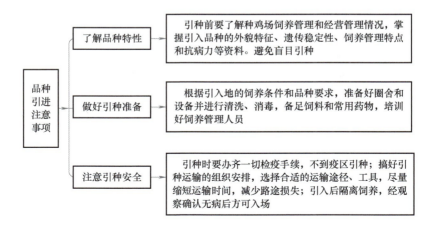

品种引进注意事项

了解品种特性　引种前要了解种鸡场饲养管理和经营管理情况，掌握引入品种的外貌特征、遗传稳定性、饲养管理特点和抗病力等资料。避免盲目引种

做好引种准备　根据引入地的饲养条件和品种要求，准备好圈舍和设备并进行清洗、消毒，备足饲料和常用药物，培训好饲养管理人员

注意引种安全　引种时要办齐一切检疫手续，不到疫区引种；搞好引种运输的组织安排，选择合适的运输途径、工具，尽量缩短运输时间，减少路途损失；引入后隔离饲养，经观察确认无病后方可入场

02

第二章

土鸡的营养需要与日粮配制

第一节　土鸡需要的营养物质

土鸡需要的营养物质达几十种，主要有能量、蛋白质、维生素、矿物质和水。每一种营养物质都有其特定的生理功能，各种营养物质相互联系、相互作用，对土鸡产生影响。

一、能量

土鸡的生存、生长和生产等一切生命活动都离不开能量。能量不足或过多，都会影响土鸡的生产性能和健康状况。饲料中的有机物——蛋白质、脂肪和碳水化合物都含有能量，但主要来源于饲料中的脂肪和碳水化合物。饲料中各种营养物质的热能总值称为饲料总能。

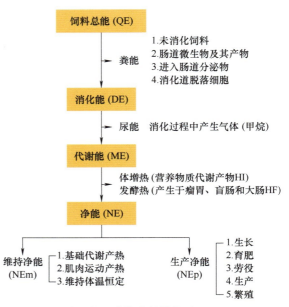

能量在土鸡体内的转化过程图

【提示】　碳水化合物是植物性饲料中的主要成分，主要包括淀粉、纤维素、半纤维素、木质素及一些可溶性糖类。它在土鸡体内分解后（主要是淀粉和糖）产生热量，用以维持体温和供给体内各器官活动时所需要的能量。脂肪所含能量较高，是碳水化合物、蛋白质的2.25倍，生产中为了获得较高的能量饲料，需要在饲料中加入油脂。另外，脂肪利用的产热量最少，夏季在饲料中添加脂肪有利于缓解热应激；蛋白质饲料价格昂贵，要避免用蛋白质作为能量来源；饲料中能量的主要来源是碳水化合物，通常占到饲料干物质的1/3。

【小资料】　影响土鸡能量需要的主要因素：①体重大小。体重大，增重速度快，需要的能量多；反之，体重小，增重慢，需要的能量少。如果按单位体重来计算能量需要，体重小的鸡所需的能量大于体重大的鸡所需的能量。②产蛋率和蛋重。产蛋率高和蛋重大，需要的能量多。③饲养方式。放牧饲养比舍饲需要的能量多；平养比笼养需要的能量多。④环境温度。环境温度与采食量有关。28日龄以后土鸡的最佳生长温度是20~25℃，超过25℃时，饲料中能量应相应提高，以满足气温高影响采食量导致的能量摄入不足。环境温度低于20℃，饲料中的能量水平可适当降低。对于种鸡来说，适宜的产蛋温度是12~30℃；适宜的生长期温度是18℃以上，42日龄以后可控制在12℃以上。

二、蛋白质

蛋白质是构成鸡体的基本物质，是最重要的营养物质。日粮中如果缺少蛋白质，会影响鸡的生长、生产和健康，甚至引起死亡。相反，日粮中蛋白质过多也是不利的，不仅造成浪费，而且会引起鸡体代谢紊乱。饲料中蛋白质进入鸡的消化道，经过消化和各种酶的作用，将其分解成氨基酸之后被吸收，成为构成鸡体蛋白质的基础物质，所以蛋白质的营养实质上是氨基酸的营养。

（1）蛋白质中氨基酸的组成

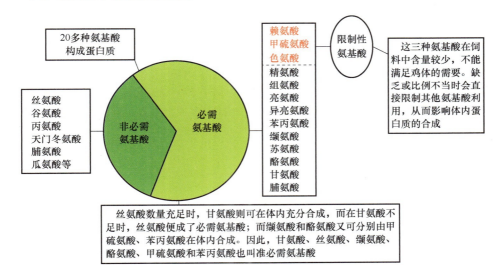

蛋白质构成及氨基酸关系图

（2）氨基酸的平衡性和互补性

1）氨基酸的平衡性。即构成蛋白质的氨基酸之间保持一定的比例关系。氨基酸不平衡，会影响蛋白质的合成。

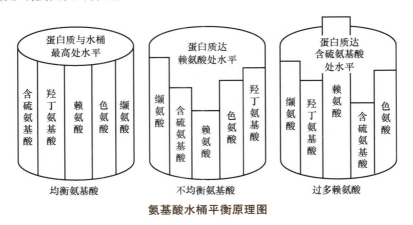

氨基酸水桶平衡原理图

2）氨基酸的互补性。不同饲料中的必需氨基酸，其含量有很大差异。如谷类含赖氨酸较少，含色氨酸较多，某些豆类含赖氨酸较多，含色氨酸又较少。如果在配合饲料时，把这两种饲料混合应用，即可取长补短，提高其营养价值，这种作用就叫作氨基酸的互补作用。

> 【提示】 根据氨基酸在饲料中存在的互补作用，可在生产中有目的地选择多种饲料原料，进行合理搭配，使饲料中的氨基酸相互补充，改善蛋白质的营养价值，提高利用率。

三、矿物质

矿物质是构成骨骼、蛋壳、羽毛、血液等组织不可缺少的成分，对土鸡的生长发育、生理功能及繁殖系统具有重要作用。鸡需要的矿物质元素有钙、磷、钠、钾、氯、镁、硫、铁、铜、钴、碘、锰、锌、硒等，其中前7种是常量元素（占体重0.01%以上），后7种是微量元素。饲料中矿物质元素含量过多或缺乏都可能产生不良的后果。

> 【注意】 无机元素是土鸡新陈代谢、生长发育和产蛋必不可少的营养物质，但过量摄入对鸡体可产生毒害作用。因此，在生产实践中一定要按营养需要进行配给，切不可过分强调它们的作用而随意加大使用剂量，以防造成中毒。

四、维生素

维生素是一组化学结构不同，营养作用、生理功能各异的低分子有机化合物，土鸡对其需要量虽然很少，但其生物作用很大，主要以辅酶和催化剂的形式广泛参与体内代谢的多种化学作用，从而保证机体组织器官的细胞结构和功能正常，调控物质代谢，以维持鸡体健康和各种生产活动。维生素缺乏时，会影响正常的代谢，出现代谢紊乱，危害鸡体健康和正常生产。维生素的种类很多，但归纳起来分为两大类，一类是脂溶性维生素，包括维生素A、维生素D、维生素E及维生素K等，另一类是水溶性维生素，主要包括B族维生素和维生素C。

五、水

水是鸡体的主要组成部分，它是各种营养物质的溶剂，鸡体内各种营养物质的消化、吸收、代谢废物排出、血液循环、体温调节等都离不开水。如果饮水不足，饲料消化率和鸡的生产力就会下降，严重时会影响鸡体健康，甚至引起死亡。高温环境下如果缺水，后果更为严重。因此，必须供给充足、清洁的饮水。

第二节　土鸡的常用饲料

土鸡的饲料有几十种，各有其特性，通常被分为能量饲料、蛋白质饲料、矿物质饲料、维生素饲料和饲料添加剂。

一、能量饲料

凡干物质中粗纤维含量不足 18%，粗蛋白质含量低于 20% 的饲料均属能量饲料，能量饲料是富含碳水化合物和脂肪的饲料。这类饲料主要包括禾本科的谷实饲料以及它们加工后的副产品、块根块茎类、动植物油脂和糖蜜等，是土鸡用量最多的一种饲料，占日粮的 50%～80%，其功能主要是供给鸡所需要的能量。

1. 玉米

◀ 代谢能高达 13.59～14.21 兆焦/千克，粗蛋白质只有 8%～9%，矿物质和维生素不足。适口性好，消化率高达 90%，价格适中，是主要的能量饲料。玉米中含有较多的胡萝卜素，有益于蛋黄和鸡的皮肤着色。不饱和脂肪酸含量高，粉碎后易酸败变质。

【注意】 在饲料中玉米占 50%～70%。使用中注意补充赖氨酸、色氨酸等必需氨基酸；培育的高蛋白质、高赖氨酸等饲用玉米，营养价值更高，饲喂效果更好。饲料要现配现用，可使用防霉剂。

▲ 霉变的玉米禁用。玉米含水量较高时，易感染黄曲霉菌。

▲ 受玉米螟侵害和真菌感染的玉米禁用。

2. 小麦

◀ 代谢能约为 12.5 兆焦/千克，粗蛋白质含量在禾谷类中是最高的（12%～15%），且含氨基酸种类比其他谷实类多。缺乏赖氨酸和苏氨酸。B 族维生素丰富，钙、磷比例不当。因小麦内含有较多的非淀粉多糖，用量过大会引起消化障碍，影响鸡的生产性能。

【注意】 在配合饲料中用量可占 10%～20%。添加 β-葡聚糖酶和木聚糖酶的情况下，可占 30%～40%。

3. 高粱

◀ 代谢能为 12~13.7 兆焦/千克，其余营养成分与玉米相近。高粱中含钙多、磷多，含有单宁（鞣酸），味道发涩，适口性差。高粱中含有较多的鞣酸，可使含铁制剂变性，注意增加铁的用量。

【注意】 在日粮中使用高粱过多时易引起便秘，雏鸡料中不使用，育成鸡和产蛋鸡日粮中高粱控制在 20% 以下。

4. 大麦

◀ 大麦的代谢能低，约为玉米的 75%，但 B 族维生素含量丰富。抗营养因子方面主要是单宁和 β-葡聚糖，单宁可影响大麦的适口性和蛋白质的消化利用率。

【注意】 在配合饲料中用量可占 20%~30%。因其皮壳粗硬，需破碎或发芽后少量搭配饲喂。

5. 麦麸

◀ 代谢能一般为 7.11~7.94 兆焦/千克，粗蛋白质含量为 13.5%~15.5%，各种成分比较均匀，且适口性好，是鸡的常用饲料；麦麸的粗纤维含量高，容积大，具有轻泻作用。

【注意】 配合饲料中，育雏期麦麸用量占 5%~15%，育成期和产蛋期占 10%~30%。

6. 米糠

◀ 米糠成分随加工大米精白的程度而有显著差异，含能量低，粗蛋白质含量高，富含 B 族维生素，含磷、镁和锰多，含钙少，粗纤维含量高。

【注意】　一般在配合饲料中用量可占 8%～12%。由于米糠含油脂较多，故久贮易变质。

7. 油脂饲料

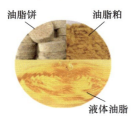

油脂饼　　油脂粕

液体油脂

◀ 油脂饲料能量是玉米的 2.25 倍，包括各种油脂（如豆油、玉米油、菜籽油、棕榈油等）和脂肪含量高的原料（如膨化大豆、大豆磷脂等）。油脂饲料可作为脂溶性维生素的载体，还能提高日粮能量水平，减少料末飞扬和饲料浪费。添加大豆磷脂能保护肝脏，提高肝脏解毒功能，保护黏膜的完整性，提高鸡体免疫系统活力和抵抗力。

【注意】　日粮中添加 3%～5% 的脂肪，可以提高雏鸡的日增重，保证土鸡夏季能量的摄入量和减少体增热，降低饲料消耗。但添加脂肪同时要相应提高其他营养素的水平。脂肪易氧化、酸败和变质。

二、蛋白质饲料

凡饲料干物质中粗蛋白质含量在 20% 以上、粗纤维含量低于 18% 的饲料均属于蛋白质饲料。根据其来源可分为植物性蛋白质饲料、动物性蛋白质饲料和微生物蛋白质饲料。

1. 豆粕（饼）

◀ 含粗蛋白质 40%～45%，赖氨酸含量高，适口性好。经加热处理的豆粕（饼）是土鸡最好的植物性蛋白质饲料。

【注意】　一般在配合饲料中用量可占 15%～25%。由于豆粕（饼）的蛋氨酸含量低，故与其他饼粕类或鱼粉等配合使用效果更好。

2. 花生粕（饼）

花生粕

花生饼

◀ 粗蛋白质含量略高于豆粕（饼），为 42%～48%，精氨酸和组氨酸含量高，赖氨酸含量低，适口性好于豆粕（饼）。花生粕（饼）脂肪含量高，不耐贮藏，易染上黄曲霉而产生黄曲霉毒素。

【注意】一般在配合饲料中花生粕（饼）用量可占 15%～20%。与豆粕（饼）配合使用效果较好。生长黄曲霉的花生粕（饼）不能使用。

3. 棉籽粕（饼）

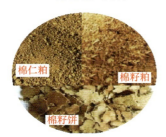

棉仁粕

棉籽粕

棉籽饼

◀ 带壳榨油的称棉籽饼或棉籽粕，脱壳榨油的称棉仁粕，前者含粗蛋白质 17%～28%；后者含粗蛋白质39%～40%。在棉籽内，含有棉酚和环丙烯脂肪酸，对家禽有害。

【注意】喂前应采用脱毒措施，未经脱毒的棉籽粕（饼）喂量不能超过配合饲料的 3%～5%。

4. 菜籽粕（饼）

菜籽粕

菜籽饼

◀ 菜籽粕（饼）含粗蛋白质 35%～40%，赖氨酸比豆粕低 50%，含硫氨基酸高于豆粕14%，粗纤维含量为 12%，有机质消化率为 70%。可代替部分豆粕（饼）喂鸡。但菜籽粕（饼）中含有毒物质（芥子酶）。

【注意】未经脱毒处理的菜籽粕（饼）土鸡用量不超过 5%，用到10%时，土鸡的死亡率增加，产蛋率、蛋重及哈氏单位（检测鸡蛋品质的重要指标）下降，甲状腺肿大。

5. 芝麻粕

◀ 粗蛋白质含量为 40%左右，蛋氨酸含量高，适当与豆粕（饼）搭配喂鸡，能提高蛋白质的利用率。

【注意】配合饲料中芝麻粕用量为 5%～10%。芝麻粕含脂肪多而不宜久贮，最好现粉碎现喂。

6. 葵花饼

◀ 优质的脱壳葵花饼含粗蛋白质 40% 以上、粗脂肪 5% 以下、粗纤维 10% 以下，B 族维生素含量比豆粕（饼）高。

【注意】 一般在配合饲料中葵花饼用量可占 10%～20%。带壳的葵花饼用量降低。

7. 鱼粉

◀ 蛋白质含量高达 45%～60%，氨基酸齐全平衡，富含赖氨酸、蛋氨酸、胱氨酸和色氨酸。鱼粉中含有丰富的维生素 A 和 B 族维生素，特别是维生素 B_{12}，以及钙、磷、铁、未知生长因子和脂肪。

【注意】 一般在配合饲料中鱼粉用量可占 5%～15%。用它来补充植物性饲料中限制性氨基酸不足，效果很好。

▲ 鱼粉的真假鉴别

8. 血粉

◀ 含粗蛋白质80%以上，赖氨酸含量为6%~7%，但蛋氨酸和异亮氨酸含量较少。

【注意】　血粉的适口性差，若日粮中用量过多，易引起腹泻，一般占日粮的1%~3%。

9. 肉骨粉

◀ 粗蛋白质含量达40%以上，蛋白质消化率高达80%，赖氨酸含量丰富，蛋氨酸和色氨酸含量较少，钙、磷含量高，比例适宜。

【注意】　肉骨粉易变质，不易保存，一般在配合饲料中用量在5%左右。

10. 蚕蛹粉

蚕蛹

蚕蛹粉

◀ 含粗蛋白质约68%，蛋白质品质好，限制性氨基酸含量高，是鸡的良好蛋白质饲料。

【注意】　脂肪含量高，不耐贮藏，配合饲料中用量可占5%~10%。

11. 羽毛粉

◀ 水解羽毛粉含粗蛋白质近80%，但蛋氨酸、赖氨酸、色氨酸和组氨酸含量低，使用时要注意氨基酸平衡问题，应该与其他动物性饲料配合使用。

【注意】　一般在配合饲料中羽毛粉用量为2%~3%，用量过多会影响鸡的生长和生产。在土鸡饲料中添加羽毛粉可以预防和减少啄癖。

12. 微生物蛋白质饲料

利用各种微生物制成的蛋白质饲料，包括酵母、非病原菌、原生动物及藻类。在饲料中使用较多的是酵母饲料。

三、矿物质饲料

矿物质饲料是为补充植物性和动物性饲料中某种矿物质元素不足而利用的一类饲料。

◀ 骨粉和磷酸氢钙含有大量的钙和磷，而且比例合适，主要用于磷不足的饲料。在配合饲料中用量可占 1.5%～2.5%（左图：骨粉；右图：磷酸氢钙）。

▲ 贝壳粉是最好的钙质矿物质饲料，含钙量高，又容易吸收。

▲ 石粉和石粒价格便宜，含钙量高，但鸡吸收能力差。

▲ 蛋壳粉可以自制，将各种蛋壳经水洗、煮沸和晒干后粉碎即成，吸收率也较好。

【注意】 贝壳粉、石粉和蛋壳粉在土鸡配合饲料中用量：育雏及育成阶段 1%～2%。产蛋阶段 6%～7%。使用蛋壳粉严防传播疾病。

◀ 食盐主要用于补充鸡体内的钠和氯，保证鸡体正常新陈代谢，还可以增进鸡的食欲。用量可占日粮的 3%～3.5%。

◀ 沸石是一种含水的硅酸盐矿物，在自然界中多达 40 多种。沸石中含有磷、铁、铜、钠、钾、镁、钙、银、钡等 20 多种矿物质元素，是一种质优价廉的矿物质饲料。在配合饲料中用量可占 1%～3%。它可以降低鸡舍内有害气体含量，保持舍内干燥。

四、维生素饲料

土鸡的日粮中主要提供各种维生素的饲料叫维生素饲料，包括青菜类、块茎类、青绿多汁饲料和草粉、叶粉等（表2-1）。常用的有白菜、胡萝卜、野菜类和干草粉（苜蓿草粉、槐叶粉和松针粉）等。青绿饲料中含有胡萝卜素较多，某些B族维生素含量丰富，并含有一些微量元素，对于土鸡的生长、产蛋、繁殖以及维持鸡体健康均有良好作用。

表 2-1　维生素饲料的特点及用量

种类	特点
青菜类	白菜、通心菜、牛皮菜、甘蓝、菠菜及其他各种青菜、无毒的野菜等均为良好的维生素饲料。芹菜是一种良好的喂鸡饲料，每周喂芹菜3次，每次50克左右。用南瓜做辅料喂母鸡，产蛋量可显著增加，且蛋大、孵化率高
胡萝卜	胡萝卜素含量高，容易贮藏，适于秋、冬季节饲喂的维生素饲料。胡萝卜应洗净后，切碎，用量占精料的20%～30%
水草类	生长在池沼和浅水中的藻类等也是较好的青饲料，水草中含有丰富的胡萝卜素，有时还带有螺蛳、小鱼等动物
草粉、叶粉	含有大量的维生素和矿物质，对土鸡的产蛋、蛋的孵化品质均有良好的作用。苜蓿干草含有大量的维生素A、B族维生素、维生素E等，并含蛋白质14%左右。树叶粉（青绿的嫩叶）也是良好的维生素饲料，如槐叶粉，来源广阔，我国大面积种植有刺槐，是丰富的资源，利用时应和林业生产相辅，选择适合的季节采集，合理利用。饲料中添加2%～5%的槐叶粉可明显地提高种蛋和商品蛋的蛋黄品质。其他豆科干草粉（如红豆草、三叶草等）与苜蓿干草的营养价值大致相同，干粉用量可占日粮的2%～7%
青绿饲料	常用的青绿饲料有豆科牧草（苜蓿、三叶草、沙打旺、红豆草等）、鲜嫩的禾本科牧草和饲料作物鲁梅克斯、聚合草等。青绿饲料在土鸡的饲养中占有很重要的地位，鸡饲喂一定量的青绿饲料会使其抗病力增强、肉味鲜美、鸡蛋风味独特。因此，利用青绿饲料饲喂土鸡，或在牧草地上放牧土鸡均可收到良好的效果。

注：喂青绿饲料应注意它的质量，以幼嫩时期或绿叶部分含维生素较多。饲喂时应防止腐烂、变质、发霉等，并应在鸡群中定时驱虫。一般用量占精料的20%～30%（舍饲使用这些维生素饲料不方便，可利用人工合成的维生素添加剂来代替）。

五、饲料添加剂

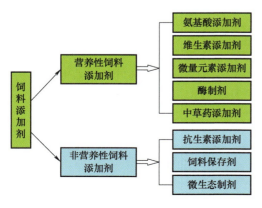

▲为满足土鸡的营养需要，完善日粮全价性，需要在饲料中添加原本含量不足或不含有的营养物质和非营养物质，以提高饲料利用率，促进鸡生长发育，防治某些疾病，减少饲料贮藏期间营养物质的损失或改进产品品质等，这类物质称为饲料添加剂。饲料添加剂可分为营养性饲料添加剂和非营养性饲料添加剂。

第三节　土鸡饲料的开发与利用

一、苜蓿草粉的开发与利用

◀ 紫花盛花期前的苜蓿草，刈下来，经晒干或其他方法干燥，粉碎而制成。苜蓿草粉含有丰富的 B 族维生素、维生素 E、维生素 C、维生素 K 等，每千克草粉还含有高达 50~80 毫克的胡萝卜素。其用来饲喂土鸡，可增加蛋黄的颜色，维持皮肤、脚、趾的黄色。在土鸡饲料中的添加比例为 3% 左右。

二、树叶的开发与利用

我国有大量的树叶可以作为饲料。树叶营养丰富，经加工调制后，饲喂土鸡效果很好。

榆树叶　　　　　　槐树叶　　　　　　杨树叶

荆树叶（豆科树种）　　　松针　　　　梨树叶（果树类）

▲ 树叶的营养成分因树种而异。豆科树种、榆树叶、松针中粗蛋白质含量高达 20% 以上，氨基酸种类多。槐树、柳树、梨树、桃树、枣树等树叶的有机物质含量、消化率、能值较高。树叶中维生素含量很高，柳、桦、榛、赤杨等青叶中，胡萝卜素含量为 110~132 毫克/千克，针叶中的胡萝卜素含量高达 197~344 毫克/千克，此外还含有大量的维生素 C、维生素 E、维生素 K、维生素 D 和维生素 B_1 等。鲜嫩叶营养价值高，青落叶次之，可饲喂土鸡。核桃、三桃、橡、李、柿、毛白杨等树叶中含单宁，有苦涩味，必须经加工调制后再饲喂。有的树叶有剧毒，如夹竹桃等，应禁喂。

【树叶的采集方法】　采集树叶应在不影响树木正常生长的前提下进行。对生长繁茂的树木，如洋槐、榆、柳、桑等树种，可分期采收下部的嫩枝、树叶；对分枝多、生长快、再生力强的灌木，如紫穗槐等，可采用青刈法；对需适时剪枝或耐剪枝的树种，如道路两旁的树木和各种果树，可采用剪枝法。树叶的采收时间依树种而异，松针在春秋季，紫穗槐、洋槐叶在 7 月底至 8 月初，杨树叶在秋末。

1）针叶的加工与利用。

◀ 松针粉中含有多种氨基酸、微量元素，有助于提高产蛋率，蛋黄颜色较深；其含有植物杀菌素和维生素，具有防病抗病功效。将其喂土鸡，可明显改善啄癖，以及皮肤、腿和爪的颜色，使之更加鲜黄美观。

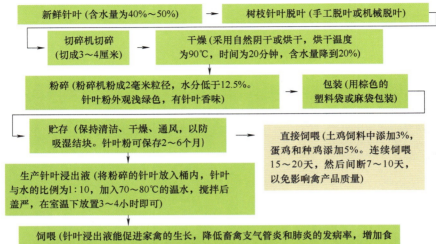

新鲜针叶 (含水量为40%～50%) → 树枝针叶脱叶 (手工脱叶或机械脱叶)

切碎机切碎 (切成3～4厘米) → 干燥 (采用自然阴干或烘干，烘干温度为90℃，时间为20分钟，含水量降到20%)

粉碎 (粉碎机粉成2毫米粒径，水分低于12.5%。针叶粉外观浅绿色，有针叶香味) → 包装 (用棕色的塑料袋或麻袋包装)

贮存 (保持清洁、干燥、通风，以防吸湿结块。针叶粉可保存2～6个月) → 直接饲喂 (土鸡饲料中添加3%，蛋鸡和种鸡添加5%。连续饲喂15～20天，然后间断7～10天，以免影响禽产品质量)

生产针叶浸出液 (将粉碎的针叶放入桶内，针叶与水的比例为1:10，加入70～80℃的温水，搅拌后盖严，在室温下放置3～4小时即可)

饲喂 (针叶浸出液能促进家禽的生长，降低畜禽支气管炎和肺炎的发病率，增加食欲和抗病能力。针叶浸出液可饮用，也可与精料、干草或秸秆混合后饲喂。开始应少量，然后逐渐加大到所要求的量)

针叶的加工与利用流程图

2）阔叶的加工与利用。

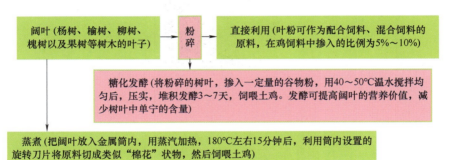

阔叶 (杨树、榆树、柳树、槐树以及果树等树木的叶子) → 粉碎 → 直接利用 (叶粉可作为配合饲料、混合饲料的原料，在鸡饲料中掺入的比例为5%～10%)

糖化发酵 (将粉碎的树叶，掺入一定量的谷物粉，用40～50℃温水搅拌均匀后，压实，堆积发酵3～7天，饲喂土鸡。发酵可提高阔叶的营养价值，减少树叶中单宁的含量)

蒸煮 (把阔叶放入金属筒内，用蒸汽加热，180℃左右15分钟后，利用筒内设置的旋转刀片将原料切成类似"棉花"状物，然后饲喂土鸡)

阔叶的加工与利用流程图

三、动物性蛋白质饲料的开发与利用

1. 诱捕昆虫

◀ 诱捕昆虫灯。在鸡棚附近安装几个诱捕昆虫灯或照明灯，昆虫就会从四面八方飞来，被等候在棚下的鸡群吃掉。鸡吃饱后关灯让鸡休息。

2. 人工育虫（表2-2）

◀ 可以在放牧的地方育虫，直接让鸡啄食。

表2-2 人工育虫的方法

名称	方法
稀粥育虫法	在牧地不同区域选择多个地块，轮流泼稀粥，用草等盖好，2天后草下生出虫子，让鸡轮流到各地块上去吃虫子即可。育虫地块注意防雨淋，防水浸
混合育虫法	挖长宽各1米、深0.5米的土坑，底铺一层稻草，稻草上铺一层污泥，如此层层铺至坑满为止，以后每天往坑里浇水。经10余天即生出虫子，可喂鸡
腐草育虫法	在土质较肥处，挖宽约1.5米、长1.8米、深0.5米的土坑，底铺一层稻草，其上铺一层豆腐渣，然后再盖一层牛粪，粪上盖一层污泥，如此铺到坑满为止，最后盖层草。经一周左右即生出虫子
牛粪育虫法	在牛粪中加入米糠或麦糠（1%）搅拌均匀，堆在阴凉处，上盖杂草、秸秆等，后用污泥密封，经过20天即生出虫子
酒精育虫法	酒糟10千克加豆腐渣50千克混匀，在距离房屋较远处，堆馒头形或长方形，过2~3天即生出虫子，5~6天后鸡可采食

3. 养殖蝇蛆

◀ 蝇蛆含粗蛋白质59%~65%、脂肪2.6%~12%以及丰富的氨基酸和微量元素，营养价值高于鱼粉。使用蝇蛆生产的虫子鸡，肌肉纤维细，肉质细嫩，口感爽脆，香味浓郁，补气补血，养颜益寿，虫子鸡的蛋富含人体所需的各种氨基酸、微量元素和多种维生素，特别是被称为抗癌之王的硒和锌的含量是普通禽类的3~5倍。

建造蛆棚 ⟹ 选在光线明亮、通风条件好的地方，蛆棚的面积一般为30~100米²。棚内挖置数个5~10米²的蛆池，池四周砌放20厘米高的砖，用水泥抹光。蛆池四角处各挖一个小坑放置收蛆桶，桶与坑的间隙用水泥抹平。棚内还要设置多条供苍蝇停息的绳子和多个供苍蝇饮水的海绵水盘

驯化种蝇 ⟹ 把新鲜鸡粪放入蛆池，堆放数个长400厘米、宽40厘米的小堆。蛆棚门白天打开，让苍蝇飞入产卵，傍晚时关闭让苍蝇在棚内歇息。野生蝇在产卵后将其用药剂杀死，蝇蛆化蛹后，把蛹放在5%的EM菌液中浸泡10~20分钟，当蛹变成苍蝇时，再堆制新鲜鸡粪，诱使新蝇产卵，产卵后将苍蝇杀死。如此重复3~5次，即可将野生蝇驯化成产卵量高、孵出蝇蛆杂菌少、个头大的人工种蝇

收取蝇蛆 ⟹ 进入正常生产后，每天要取走养殖后的残堆，更换新鲜鸡粪。经人工驯化的苍蝇产卵后10小时即可孵化出蝇蛆，3~4天成熟的蝇蛆就会爬出粪堆，当它们沿着池壁爬行寻找化蛹的地方时，会全部掉入光滑的塑料收蛆桶内。每天可分两次取走蝇蛆，并注意留足1/5蝇蛆，让其在棚内自然化蛹，以保证充足的种蝇产卵

人工养殖蝇蛆方法图

4. 养殖蚯蚓（表2-3）

◀ 蚯蚓含有丰富的蛋白质，适口性好、诱食性强，是畜、禽、鱼类等的优质蛋白饲料。同时，蚯蚓粪也可以作为饲料。

表 2-3　养殖蚯蚓的方法

简易养殖法	包括箱养、坑养、池养、棚养、温床养殖等，其具体做法就是在容器、坑或池中分层加入饲料和肥土，料土相同，然后投放种蚯蚓。这种方法可利用鸡舍前后等空地以及旧容器、砖池、育苗温床等，来生产动物性蛋白质饲料，加工有机肥料，处理生活垃圾。其优点是就地取材、投资少、设备简单、管理方法简便，并可利用业余或辅助劳力，充分利用有机废物
田间养殖法	选用地势比较平坦，能灌能排的桑园、菜园、果园或饲料田，沿植物行间开沟槽，施入腐熟的有机肥料，上面用土覆盖10厘米左右，放入蚯蚓进行养殖，经常注意灌溉或排水，保持土壤含水量在30%左右。冬天可在地面覆盖塑料薄膜保温，以便促进蚯蚓活动和繁殖能力。由于蚯蚓的大量活动，土壤疏松多孔，通透性能好，可以实行免耕。适于放养鸡的牧地养殖

◀ 养殖蚯蚓饲料的制备。粉碎的作物秸秆（40%）和粪便（60%）混合，加水拌匀（含水量控制在40%~50%，堆积后堆底边有水流出为止），堆成梯形或圆锥形，最后堆外面用塘泥封好或用塑料薄膜覆盖，以保温保湿。经4~5天，堆内的温度可达50~60℃，待温度由高峰开始下降时，要翻堆（将上层的料翻到下层，四周翻到中间）进行第二次发酵，达到无臭味、无酸味，质地松软不沾手，颜色为棕褐色，然后摊开放置（一般pH在6.5~8.0都可使用）。

第四节　土鸡的饲养标准与日粮配制

一、土鸡的饲养标准

根据土鸡维持生命活动和从事各种生产活动，如产蛋、产肉等对能量和各种营养物质需要量的测定，并结合各国饲料条件及当地环境因素，制定出土鸡对能量、蛋白质、必需氨基酸、维生素和微量元素等的供给量或需要量，称为土鸡的饲养标准，并以表格形式以每天每只具体需要量或占日粮含量的百分数来表示，见表2-4、表2-5。

表 2-4　土鸡的饲养标准

营养成分	后备鸡（周龄）			产蛋鸡及种鸡（产蛋率,%）			商品土鸡（周龄）	
	0~6	7~14	15~20	>80	65~80	<65	0~4	≥5
代谢能/（兆焦/千克）	11.92	11.72	11.30	11.50	11.50	11.50	12.13	12.55
粗蛋白质（%）	18.00	16.00	12.00	16.50	15.00	15.00	21.00	19.00

（续）

营养成分	后备鸡（周龄）			产蛋鸡及种鸡（产蛋率，%）			商品土鸡（周龄）	
	0~6	7~14	15~20	>80	65~80	<65	0~4	≥5
钙（%）	0.80	0.70	0.60	3.50	3.40	3.40	1.00	0.90
总磷（%）	0.70	0.60	0.50	0.60	0.60	0.60	0.65	0.65
有效磷（%）	0.40	0.35	0.30	0.33	0.32	0.30	0.45	0.40
赖氨酸（%）	0.85	0.64	0.45	0.73	0.66	0.62	1.09	0.94
蛋氨酸（%）	0.30	0.27	0.20	0.36	0.33	0.31	0.46	0.36
色氨酸（%）	0.17	0.15	0.11	0.16	0.14	0.14	0.21	0.17
精氨酸（%）	1.00	0.89	0.67	0.77	0.70	0.66	1.31	1.13
维生素 A/（国际单位/千克）	1500.00	1500.00	4000.00		4000.00		2700.00	2700.00
维生素 D/（国际单位/千克）	200.00	200.00	500.00		500.00		400.00	400.00
维生素 E/（国际单位/千克）	10.00	5.00	5.00		10.00		10.00	10.00
维生素 K/（国际单位/千克）	0.50	0.50	0.50		0.50		0.50	0.50
维生素 B$_1$/（毫克/千克）	1.80	1.30	0.80		0.80		1.80	1.80
维生素 B$_2$/（毫克/千克）	3.60	1.80	2.20		3.80		7.20	3.60
泛酸/（毫克/千克）	10.00	10.00	2.20		10.00		10.00	10.00
烟酸/（毫克/千克）	27.00	11.00	10.00		10.00		27.00	27.00
吡哆醇/（毫克/千克）	3.00	3.00	3.00		4.50		3.00	3.00
生物素/（毫克/千克）	0.15	0.10	0.10		0.15		0.15	0.15
胆碱/（毫克/千克）	1300.00	900.00	500.00		500.00		1300.00	850.00
叶酸/（毫克/千克）	0.55	0.25	0.25		0.35		0.55	0.55
维生素 B$_{12}$/（毫克/千克）	9.00	3.00	4.00		4.00		9.00	9.00
铜/（毫克/千克）	8.00	6.00	6.00		8.00		8.00	8.00
铁/（毫克/千克）	80.00	60.00	50.00		30.00		80.00	80.00
锰/（毫克/千克）	60.00	30.00	30.00		60.00		60.00	60.00
锌/（毫克/千克）	40.00	35.00	50.00		65.00		40.00	40.00
碘/（毫克/千克）	0.35	0.35	0.30		0.30		0.35	0.35
硒/（毫克/千克）	0.15	0.10	0.10		0.10		0.15	0.15

表 2-5　土鸡父母代公鸡饲养标准

成分　　　　周龄	0~4	5~8	9~19	20~68
粗蛋白质（%）	20	18	16	14
代谢能/（兆焦/千克）	12.122	12.122	11.495	11.286
粗纤维（%）	3.5	3.5	5~6	6

（续）

成分 ＼ 周龄	0~4	5~8	9~19	20~68
钙（%）	1.0	1.0	1.0	1.0
有效磷（%）	0.46	0.46	0.46	0.45
盐（%）	0.36	0.36	0.37	0.37
赖氨酸（%）	0.9	0.9	0.7	0.7
蛋氨酸（%）	0.4	0.4	0.3	0.3

【注意】 ①微量元素和维生素可参照种母鸡的用量使用。②由于缺乏种公鸡的饲养标准，许多鸡场只好以产蛋母鸡日粮饲喂种公鸡，这带来较大危害，表现：一是高钙、高蛋白质日粮必然给消化系统和泌尿系统，尤其是肝脏、肾脏等实质器官带来沉重的代谢负担，造成肝脏、肾脏损伤，使种公鸡体况下降，精液品质变差；二是高钙、高蛋白质日粮，大大超过了种公鸡对钙和蛋白质的需要，多余的蛋白质在体内经脱氨基作用而转变为脂肪贮存于体内，使种公鸡日益变肥，体重迅速增加，性机能减退，精液品质下降；另外多余的蛋白质在体内的降解，尿酸的生成增多与钙等形成尿酸盐，极易造成痛风症引起死亡，而且也增加生产成本。编者运用动物营养学的基础理论，通过大量实践设计出了土著种公鸡的饲养标准，经过数个大型土种鸡养殖场数年的使用，均反映种公鸡性欲旺盛，射精量和精子密度都很好。种蛋受精率一般都稳定在91%~95%。特进行介绍。

二、配方设计方法

1. 日粮配方设计原则

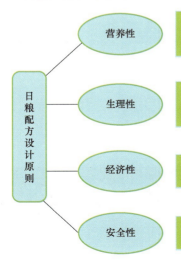

	营养性	以鸡的饲养标准为依据，结合环境条件、饲料情况进行适当调整，满足不同类型鸡的营养需求，首先考虑能量需要，然后调整蛋白质和其他营养成分。并注意饲料多样化
日粮配方设计原则	生理性	根据各类鸡不同的生理特点，选择适宜饲料进行搭配，以符合其消化能力和保持良好适口性。配合日粮所用的饲料种类力求保持相对稳定，避免频繁变动引起应激
	经济性	充分利用饲料的替代性和互补性，就地取材，选择质优价廉的饲料原料，降低饲料成本
	安全性	饲料安全关系产品安全，也影响鸡的健康。饲料中含有的物质、品种和数量必须控制在安全允许的范围内

2. 全价日粮配方的设计

配制日粮首先要设计日粮配方，然后按方配料。试差法就是根据经验和饲料营养含量，先大致确定一下各类饲料在日粮中所占的比例，然后通过计算看与饲养标准还差多少再进行调整。这种方法简单易学，但计算量大，不易筛选出最佳配方。现以土鸡产蛋期饲料配方的设计、计算为例，进行说明。

第一步，查出土鸡产蛋期营养需要，见表2-6。

表2-6　土鸡产蛋期营养需要

营养成分	代谢能/（兆焦/千克）	粗蛋白质（%）	食盐（%）	钙（%）	磷（%）
营养指标	11.5	16.5	0.35	3.2	0.46

第二步，结合本地饲料的原料来源、营养价值、饲料的适口性、毒素含量等情况，初步确定选用饲料原料的种类和大致用量。

第三步，从鸡的常用饲料成分及营养价值表中查出所选用原料的营养成分含量，初步计算粗蛋白质的含量和代谢能。

第四步，将计算结果与饲养标准对比，发现粗蛋白质17.0%，比标准16.5%高；代谢能11.39兆焦/千克，比标准11.50兆焦/千克略低。调整配方，增加高能量饲料玉米的比例，降低麸皮的比例，降低高蛋白质饲料中豆粕、花生饼的比例，土鸡产蛋期日粮配合的计算见表2-7。

表2-7　土鸡产蛋期日粮配合的计算

饲料种类	初步计算			调整后计算		
	比例（%）	粗蛋白质（%）	代谢能/（兆焦/千克）	比例（%）	粗蛋白质（%）	代谢能/（兆焦/千克）
玉米	62	5.332	8.717	64	5.504	8.998
麸皮	3	0.432	0.197	2	0.288	0.131
豆粕	16	7.552	1.646	15.2	7.174	1.564
棉籽粕	2	0.83	0.159	2	0.83	0.159
菜籽粕	2	0.77	0.160	2	0.77	0.160
花生饼	3	1.317	0.368	2.8	1.229	0.343
鱼粉	1.4	0.771	0.144	1.4	0.771	0.144
石粉	8			8		
骨粉	2			2		
合计	99.4	17.0	11.39	99.4	16.57	11.50

第五步，列出配方。玉米64.1%、麸皮2%、豆粕15.2%、棉籽粕2%、菜籽粕2%、花生饼2.8%、鱼粉1.4%、石粉8%、骨粉2%、食盐0.25%、复合多维0.04%、蛋氨酸0.1%、赖氨酸0.1%、杆菌肽锌0.01%。

3. 配方举例

常用的饲料配方见表2-8~表2-11。

表2-8　土鸡父母代种鸡常用饲料配方

项目		雏鸡	育成期	产蛋前期	高峰期	产蛋后期	种公鸡
		0~8 周龄	9~19 周龄	20~24 周龄	25~45 周龄	46 周龄~淘汰	20 周龄~淘汰
原料	玉米（%）	62.5	62.0	64.0	65.0	66.0	62.0
	麸皮（%）	6.2	13.5	5.0	2.5	3.8	15.3
	豆粕（%）	18.0	9.0	13.0	13.0	11.2	6.5
	菜籽粕（%）	3.0	5.5	5.0	5.0	6.0	5.5
	鱼粉（%）	6.8	2.0	4.0	4.0	3.0	2.5
	骨粉（%）	1.4	2.0	2.1	2.2	2.2	2.2
	石粉（%）	—	—	1.6	3.0	2.5	—
	贝壳粉（%）	0.8	0.7	4.0	4.0	4.0	0.7
	食盐（%）	0.3	0.3	0.3	0.3	0.3	0.3
	预混料（%）	1.0	5.0	1.0	1.0	1.0	5.0
营养水平	代谢能/（兆焦/千克）	12.06	11.19	11.53	11.53	11.53	11.12
	粗蛋白质（%）	19.75	14.53	16.37	16.1	15.28	13.4
	钙（%）	1.06	1.02	2.75	3.3	3.1	1.058
	磷（%）	0.48	0.45	0.47	0.51	0.46	0.46

注：此套配方，适用于河南省地区，饲养的土鸡父母代种鸡。

表2-9　种用或蛋用土鸡的饲料配方

项目		0~6 周龄			7~14 周龄			15~20 周龄			土鸡产蛋期		
		配方1	配方2	配方3	配方1	配方2	配方3	配方1	配方2	配方3	配方1	配方2	配方3
原料	玉米（%）	65	63	63.9	65	65	65	70.4	66	65	64.6	64.6	62
	麦麸（%）	0	2	3	6	7.3	6	14	13.4	13.5	0	0	0
	米糠（%）	0	0	0	0	0	0	0	5	7	0	0	0
	豆粕（%）	22	21.9	23	16.3	14	13	6	0	0	15	15	14
	菜籽粕（%）	2	0	2	4	4	2	2	6	5	0	0	0
	棉籽粕（%）	2	2	2	3	0	2	2	0	0	0	0	0
	花生粕（%）	2	6	2.6	0	3	2	0	2	2	4	4	0
	芝麻粕（%）	2	0	0	0	0	2	2	2	2	0	1	2.7
	鱼粉（%）	2	2	0	0	1	0	0	0	0	3.1	2	2
	石粉（%）	1.22	1.2	1.2	1.2	1.2	1.2	1.1	1.1	1.1	8	8	8

（续）

项目		0~6周龄			7~14周龄			15~20周龄			土鸡产蛋期		
		配方1	配方2	配方3	配方1	配方2	配方3	配方1	配方2	配方3	配方1	配方2	配方3
原料	磷酸氢钙（%）	1.3	1.4	1.8	1.2	1.2	1.5	1.2	1.2	1.1	1	1.1	1.0
	微量元素添加剂（%）	0.1	0.1	0.1	0	0	0	0	0	0	0	0	0
	复合多维（%）	0.04	0.04	0.04	0	0	0	0	0	0	0	0	0
	食盐（%）	0.26	0.3	0.3	0.3	0.3	0.3	0.3	0.3	0.3	0.3	0.3	0.3
	杆菌肽锌（%）	0.02	0.02	0.02	0	0	0	0	0	0	0	0	0
	氯化胆碱（%）	0.06	0.04	0.04	0	0	0	0	0	0	0	0	0
	复合预混料（%）	0	0	0	3	3	3	3	3	3	2	2	2
营养水平	代谢能/（兆焦/千克）	12.1	11.9	11.8	11.7	11.7	11.7	11.5	11.7	11.4	11.3	11.3	11.3
	粗蛋白质（%）	19.4	19.5	18.3	16.4	16.35	16.5	12.5	16.35	12.3	16.5	16.0	17.1
	钙（%）	1.10	1.00	1.00	0.92	0.90	0.92	0.78	0.90	0.79	3.5	3.4	3.5
	有效磷（%）	0.45	0.04	0.41	0.36	0.35	0.36	0.31	0.35	0.32	0.38	0.36	0.38

表 2-10　商品土鸡 0~4 周龄的饲料配方

项目		配方1	配方2	配方3
原料	玉米（%）	60.0	57.5	64.0
	豆粕（%）	22.4	22.0	15.0
	菜籽粕（%）	2.0	3.0	3.0
	棉籽粕（%）	1.0	2.5	5.0
	花生粕（%）	6.0	6.0	6.0
	肉骨粉（%）	2.0	0	0
	鱼粉（%）	2.0	3.0	1.0
	油脂（%）	0	1.0	1.0
	石粉（%）	1.2	1.2	1.2
	磷酸氢钙（%）	1.1	1.5	1.5
	食盐（%）	0.3	0.3	0.3
	复合预混料（%）	2.0	2.0	2.0
营养水平	代谢能/（兆焦/千克）	12.20	12.00	12.30
	粗蛋白质（%）	20.80	21.20	21.50
	钙（%）	1.10	1.10	1.10
	有效磷（%）	0.46	0.46	0.46

表 2-11　商品土鸡 5 周龄以上的饲料配方　　（质量分数，%）

原料	配方 1	配方 2	配方 3	配方 4	配方 5	配方 6
玉米	63.2	65.3	70.0	69.5	64	64.5
麸皮	3	3	0	0	5	7
豆粕	17	20.3	12.0	13.5	20	18
菜籽粕	0	0	0	0	0	0
棉籽粕	0	0	0	10	0	0
花生粕	5	0	0	0	0	0
蚕蛹	0	0	0	2	0	0
鱼粉	6	3	14	2	8	8
油脂	3	3	0	0	0	0
石粉	0.5	2	1.5	0.65	0.33	0.13
磷酸氢钙	1	2	1.2	1.0	1.3	1
食盐	0.3	0.4	0.3	0.35	0.37	0.37
复合预混料	1	1	1	1	1	1

第五节　饲料的配制加工

一、配合饲料的种类及关系

预混合饲料

蛋白质饲料

浓缩饲料

能量饲料

全价配合饲料

◀ 土鸡预混合饲料是氨基酸、维生素、微量元素以及非营养性添加剂等与稀释剂混合而成的。它不能单独饲喂土鸡。占全价饲料的 1% ~ 5%。

◀ 土鸡浓缩饲料是预混合饲料与蛋白质饲料混合而成的。它不能单独饲喂土鸡。占全价配合饲料的 20% ~ 40%。

◀ 土鸡全价配合饲料是浓缩饲料与能量饲料混合而成的。它营养全面均衡，可以直接饲喂土鸡。

二、饲料原料选购

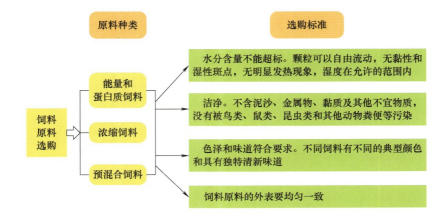

原料种类	选购标准

- 能量和蛋白质饲料
- 浓缩饲料
- 预混合饲料

饲料原料选购

- 水分含量不能超标。颗粒可以自由流动，无黏性和湿性斑点，无明显发热现象，湿度在允许的范围内
- 洁净。不含泥沙、金属物、黏质及其他不宜物质，没有被鸟类、鼠类、昆虫类和其他动物粪便等污染
- 色泽和味道符合要求。不同饲料有不同的典型颜色和具有独特清新味道
- 饲料原料的外表要均匀一致

三、饲料储藏

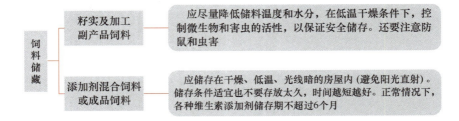

饲料储藏

- 籽实及加工副产品饲料：应尽量降低储料温度和水分，在低温干燥条件下，控制微生物和害虫的活性，以保证安全储存。还要注意防鼠和虫害
- 添加剂混合饲料或成品饲料：应储存在干燥、低温、光线暗的房屋内（避免阳光直射）。储存条件适宜也不要放存太久，时间越短越好。正常情况下，各种维生素添加剂储存期不超过6个月

四、饲料加工

饲料加工的程序一般是原料粉碎、混合、膨化制粒（土鸡饲养中多采用粉状料，较少进行膨化制粒）以及饲料包装。目前，饲料加工机械比较完备，可以根据加工量选择不同的机械加工设备。

原料　　粉碎　　混合　　膨化制粒　　饲料包装

03

第三章

土鸡场的设计与环境控制

第一节　舍饲土鸡场的场址选择和鸡舍建设

一、场址的选择

鸡场是土鸡的生活地，鸡场的环境与鸡群的健康、蛋品和肉品的质量紧密相关。总体要求应符合当地土地利用发展规划与农牧业发展规划要求，应选择地势高燥、排水良好、向阳避风，与交通干道、污染源和生态保护区有一定距离的地方，水源和土壤符合洁净卫生要求；场地周围有大片的农田或果园、林地、草场等。

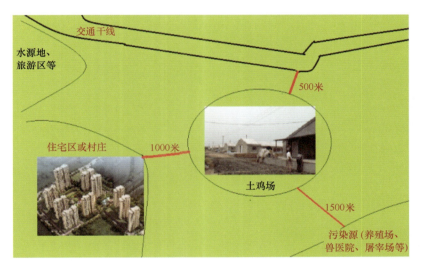

▲ 场址选择总体要求图。

1. 位置

选择场址应注意土鸡场与周围环境的关系，既不能使鸡场成为周围环境的污染源，也不能受周围环境的污染。应选在居民区的低处和下风处。但应避开居民污水排放口，更应远离化工厂、制革厂、屠宰场等易造成环境污染的企业。土鸡场应距居民区 500 米以上的距离。鸡场应交通便利，但应距主要公路 100~300 米。场内应有专用公路相连。

◀ 土鸡场远离村庄、居民点和工矿企业，远离污染源，具有较好的隔离条件。

2. 地形、地势

地形、地势与土鸡场和鸡舍的温热环境和环境污染关系很大。

◀ 场地地势高燥，平坦而稍有坡度（地面坡度以 1%~3% 为宜，最大不得超过 25%）；向阳背风（特别避开西北方向的山口或长形谷地）。远离沼泽地区，以避免寄生虫和昆虫的危害。

▲ 地形要开阔，整齐，不要边角太多，否则，不利于规划布局。

▲ 场区面积适宜，并要留有发展的余地。周围有大量的草地、林地、果园、耕地等，既可以消纳粪污，又可以净化环境。

充分利用原有的林带、山岭、河川、沟谷等作为场界的天然屏障。

▲ 地势高燥平坦，向阳背风，北侧有林带。

▲ 背靠大山，有山林作为屏障。

场地面积与生产关系密切，面积过小不利于卫生管理和鸡群健康，面积过大会增加生产成本。面积要符合生产要求。

3. 水源

土鸡场在生产过程中，饮用、清洗消毒、防暑降温、生活等需要大量的水，必须有可靠的水源。选择场址时对水源进行水质检测，生产中还要定期对水源进行检查，保证水源处于良好状态。不同季节鸡的需水量标准见表 3-1，鸡的饮用水标准见表 3-2。

水源种类 → 地下水 / 地上水 → 水量应充足、水质良好、便于防护、取用方便

表 3-1　不同季节鸡的需水量标准（单位：升/1000 只鸡）

周龄	冬季	夏季
1 周龄	20	32
4 周龄	50	75
12 周龄	115	180
18 周龄	140	200
产蛋率 50%	150	250
产蛋率 90%	180	300

表 3-2　鸡的饮用水标准

	项目	标准
感官性状及一般化学指标	色度	≤30°
	浑浊度	≤20°
	臭和味	不得有异臭异味
	肉眼可见物	不得含有
	总硬度（$CaCO_3$ 计)/(毫克/升)	≤1500
	pH	6.4~8.0
	溶解性总固体/(毫克/升)	≤1200
	氯化物（Cl^- 计)/(毫克/升)	≤250
	硫酸盐（SO_4^{2-} 计)/(毫克/升)	≤250
细菌学指标	总大肠杆菌群数/(个/100 毫升)	雏禽 1
毒理学指标	氟化物（F^- 计)/(毫克/升)	≤2.0
	氰化物/(毫克/升)	≤0.05
	总砷/(毫克/升)	≤0.2
	总汞/(毫克/升)	≤0.001
	铅/(毫克/升)	≤0.1
	铬（六价)/(毫克/升)	≤0.05
	镉/(毫克/升)	≤0.01
	硝酸盐（N 计)/(毫克/升)	≤30

▲ 地层深水是理想水源。

▲ 水塘河流作为水源，最好建立渗水井取水。

4. 土壤

从防疫卫生观点出发，场地土壤要求透水性、透气性好，洁净卫生。

◀ 沙壤土是较为理想的土壤。既有较好的透水、透气性，又有较好的抗压性。客观条件所限，达不到理想土壤，这就需要在鸡舍设计、施工、使用和管理上，弥补当地土壤的缺陷。

◀ 土鸡场不要在其他畜禽养殖场场址上重建或改建，也不要建在开设兽医站和医院的场地上，以避免传染病的传播和危害。

5. 电源

土鸡场的机械化程度不断提高，各个生产环节，如孵化、育雏、给料、饮水、清粪、集蛋、环境控制（通风换气、照明、采暖、降温）等均需要稳定可靠的电源，选择场址时也要考虑。

◀ 大型土鸡场要有独立的变压器和配电房，同时要配备相匹配的备用发电机组。

二、规划布局

1. 分区规划

土鸡场通常根据生产功能，分为生产区、管理区或生活区、隔离区等，规划要考虑主导风向和地势。

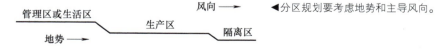

风向 ⟶
管理区或生活区　　　生产区　　　隔离区
地势 ⟶

◀分区规划要考虑地势和主导风向。

（1）管理区　该区域是鸡场经营管理活动的场所，与社会联系紧密，也是疾病传入鸡场的重要门户。因此，管理区应紧靠大门口，位于生产区上风向，并与生产区隔开，外来人员只能在该区域内活动，外来人员和车辆不得进入生产区，生产区的运料车也不得随便离开生产区进入管理区。

◀ 管理区和生产区要相互独立，并进行隔离（前面是管理区，后面是生产区）。

◀ 饲料加工和储存的建筑物可以设在管理区，但要靠近生产区，便于原料的进入和饲料的分发。

（2）生产区　生产区是雏鸡、肉鸡、育成鸡和成年土鸡等不同日龄鸡群生活和生产的场所，占地面积最大。因为鸡的日龄不同，其生理特点，对环境的要求和抗病能力也不相同。所以在生产区内，还要进行小区规划，将育雏区、育成区和成年鸡区严格分开，加以隔离。它们各区的分布，应是育雏区在上风向，育成区在育雏区的下风向，种鸡区在育成区的下风向。

◀ 生产区应位于全场中心地带，地势应低于管理区，并在其下风向，在病鸡管理区上风向。

（3）隔离区　病鸡的隔离观察、疫病诊断和病死鸡处理等设施和建筑设置在隔离区，位于生产区下风向，并与生产区严格隔离。

◀ 兽医室，进行病鸡的诊断、治疗和隔离饲养。

▲ 土鸡场的污水处理池。

▲ 土鸡场的粪便处理车间，
粪污不露天堆放。

2. 建筑物布局

建筑物布局就是建筑物的摆放位置。分区规划后，根据各区的建筑物种类合理安排其位置，以利于生产和管理。

（1）鸡舍的排列方式　鸡舍排列方式多种多样，有单列式、双列式和多列式。

▲ 单列式鸡舍布局图及实景图。

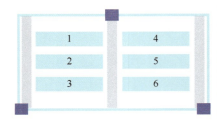

▲ 双列式鸡舍布局图及实景图。

（2）鸡舍距离　鸡舍间距影响鸡舍的通风、采光、卫生、防火。鸡舍之间距离过小，通风时，上风向鸡舍的污浊空气容易进入下风向鸡舍内，引起病原在鸡舍间传播；采光时，南边的建筑物遮挡北边建筑物；发生火灾时，很容易殃及全场的鸡舍及鸡群；由于鸡舍密集，场区的空气环境容易恶化，微粒、有害气体和微生物含量过高，容易引起鸡群发病。为了保持场区和鸡舍环境良好，鸡舍之间应保持适宜的距离。

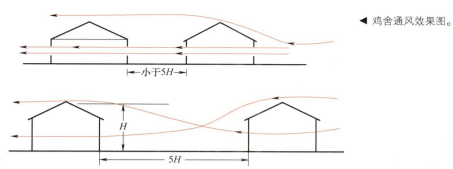

◀ 鸡舍通风效果图。

▲ 开放舍间距应为舍高的 5 倍。
一般为 20~30 米。

▲ 密闭舍间距以 15~25 米较为适宜。

（3）**鸡舍朝向**　鸡舍朝向是指鸡舍纵轴与地球经线是水平还是垂直。鸡舍朝向影响到鸡舍的采光、通风和太阳辐射。朝向选择应考虑当地的主导风向、地理位置、鸡舍采光和通风排污等情况。鸡舍纵轴与夏季主导风向的角度在 45~90 度较好。

3. 道路

土鸡场设置清洁道和污染道，清洁道供饲养管理人员、清洁的设备用具、饲料和育成的新母鸡等使用，污染道供清粪、污浊的设备用具、病死和淘汰鸡使用。清洁道和污染道不交叉。

▲ 清洁道是生产区的主干道，位于上风向，靠近进风口。宽度为 6~8 米。

▲ 污染道位于下风向，靠近风机。宽度为 3~4 米。

◀ 鸡场道路要绿化和硬化，两旁留有排水沟。

4. 储粪场

土鸡场要设置粪尿处理区。粪场可设置在多列鸡舍的中间，靠近道路，有利于粪便的清理和运输。储粪场和污水池要进行防渗处理，避免污染水源和土壤。

◀ 粪尿处理区距鸡舍 30~50 米，并在鸡舍的下风向。

▲ 粪便处理后成为优质有机肥。

5. 防疫隔离设施

土鸡场周围设置隔离墙。大门设置消毒池和消毒室，供进入人员、设备和用具消毒。

▲ 土鸡场周围的隔离墙，墙体严实，高度为 2.5~3 米。

▲ 土鸡场大门口的车辆消毒。

▲ 土鸡场大门口的人员消毒（左图：雾化中的人员通道；右图：更衣室紫外线灯消毒）。

6. 绿化

土鸡场植树、种草等绿化不仅可以美化环境，而且可以净化环境（改善场区小气候、净化空气和水质，降低噪声等），形成隔离屏障。规划时必须留出绿化用地，包括防风林、隔离林、行道绿化、遮阳绿化以及绿地等。

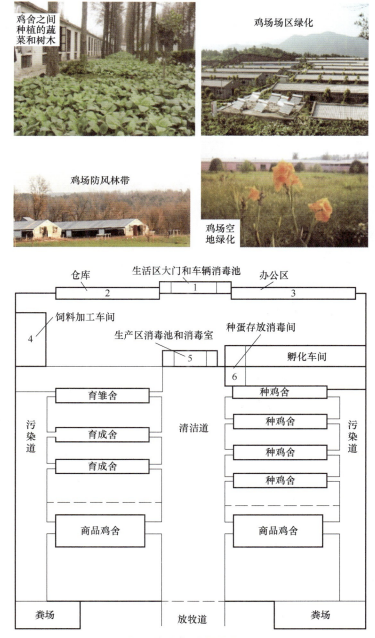

鸡舍之间种植的蔬菜和树木

鸡场场区绿化

鸡场防风林带

鸡场空地绿化

▲ 土鸡场的总平面布局图。

三、鸡舍设计建设

鸡舍是土鸡生活和生产的场所，鸡舍设计对于维持鸡舍适宜环境，保证土鸡的健康和生产性能发挥具有重要作用。

1. 鸡舍类型

鸡舍的类型和结构对鸡舍的环境控制具有决定性的作用，因此在建场时应进行精心设计和选材。常见的鸡舍有开放式和密闭式两种类型。

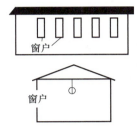

◀ 开放式鸡舍的立面图、剖面图和实景图。前后墙都有窗户或留有较大的洞口，靠自然的空气流通进行通风换气，冬季常使用一些保温材料适当遮挡窗口。

◀ 开放式鸡舍的内景图。开放式鸡舍造价低、投资少，但受外界自然条件影响大。饲养商品土鸡时常在鸡舍一侧设运动场，鸡群进行户外运动，适应性和抗逆性较好，体质强健，肉质也好。

◀ 密闭式鸡舍的立面图和实景图。用保温性能好的材料建成，将鸡舍小环境与外界完全隔开，通过风机来控制和调节舍内环境。

◀ 密闭式鸡舍内景图。舍内环境稳定，鸡群生长发育好，疾病感染机会少，生产性能稳定；但设计、建筑条件要求较高，鸡舍建设、配套设备投入较大，对电力依赖性强，运行成本偏高。

2. 鸡舍建设

▲ 泡沫板鸡舍。耐久、耐火、防水、光滑、不透气，保温隔热，结构简便，成本低。

▲ 钢构隔热板鸡舍。建造快、成本适中，坚固、美观、耐用。

▲ 砖混结构的鸡舍。建筑材料好找，坚固耐久、舍内环境容易控制，建造成本较高。

▲ 砖混拱形鸡舍。结构简单，坚固、舍内环境容易控制，建造成本适中。

第二节　放养土鸡场的场址选择和鸡舍建设

一、放养场地的选择

◀ 选择远离村庄居民区、屠宰场、学校、化工厂、其他养殖场、工矿区和主干道路，环境清静的山地、坡地、园地、大田、河湖滩涂和经济林地等。附近有清洁的井水或泉水。地势高燥，空气新鲜。

◀ 山坡放养土鸡。山地、坡地最好有灌木林、荆棘林和阔叶林等，其坡度不宜过大，附近有未被污染的小溪、池塘等清洁水源为宜。土壤以沙壤土为佳。

◀ 果园放养土鸡。梨园、桃园、苹果园、核桃园、枣园、柿园、桑园都可放养。应选择向阳、平坦、干燥、取水方便、树冠较小、树木稀疏、无污染和无兽害的场地。放养鸡时，一定要避开用药期。

▲ 林地放养土鸡。

▲ 荒地放养土鸡。

▲ 玉米地放养土鸡。

▲ 竹园放养土鸡。

二、放养鸡鸡舍的建设

▲ 鸡舍要建在地势较高的地方，下雨不发生水灾和容易干燥，空气、水源无污染。

◀ 鸡舍要合理布局。根据放养场地情况分散建设鸡舍，每个鸡舍容纳鸡 500 只左右。鸡的活动半径在 250 米。

◀ 可在放养地建设固定的保温隔热育雏舍。地面硬化，或使用网面；根据放养季节能够调节鸡舍的门窗进行适量通风换气，保持鸡舍空气新鲜和环境条件适宜；如是简易鸡舍，可以利用塑料布、彩条布等廉价的隔热材料设置天棚、封闭屋顶和墙壁、隔离一些小空间来增加鸡舍的保温性能。

▲ 石棉瓦和茅草搭建简易鸡舍。

▲ 用毛竹和木材搭建简易鸡舍。

◀ 塑料大棚鸡舍。用竹子、木材搭成拱架，拱顶高 2 米，南北檐高 1.2 米。扣棚用的塑料薄膜接触地面部分用土压实，棚的顶面用绳子扣紧。棚的外侧东、北、西三面要挖好排水沟，四周用竹片围起，做到冬暖夏凉，棚内安装电灯，配齐食槽、饮水器等用具。一般 500 只鸡为一个养鸡单位，按每平方米容纳 15~20 只鸡的面积搭棚。

◀ 拱棚鸡舍。棚支架可用木材、竹子、钢筋、硬塑料等。棚杆间距 0.5~0.8 米为宜；塑膜鸡舍的排气口应设在棚顶部的背风面，高出棚顶 50 厘米，排气孔顶部要设防风帽。鸡舍进气口应设在南墙或东墙的底部，距地面 5~10 厘米。

◀ 拱棚鸡舍的墙可用砖或石头等砌成。棚顶可用木板、竹子、板皮、柳条等铺平，上面铺以废旧塑膜、编织袋、油毡等。棚周围要留有排水沟。

◀ 砖混简易棚舍。

▲ 鸡舍一侧留有运动场地，设置有料槽和水槽，供补饲时使用。

第三节　常用的设备用具

一、供温设备

供温设备主要有煤炉、保姆伞、热水热气和热风供温设备等。

◀ 简易煤炉。由火炉和烟管组成，因陋就简，煤炉产热升温。烟管要严密并通向舍外，煤炉加煤后要盖严火盖，防止煤气中毒。保温良好的房舍，每20~30米² 可设置一个煤炉。

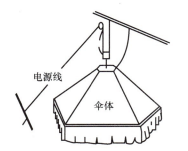

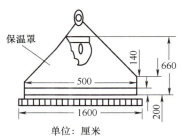

◀ 电热保姆伞。适宜平面养育雏鸡。伞内设置热源、控制器、温度计和照明灯等，结构简单、操作方便，保温性能好。

单位：厘米

◀ 温控锅炉。锅炉燃烧燃料，使热水在舍内循环，通过管道和散热片将热量散失在舍内。洁净、卫生，温度稳定。

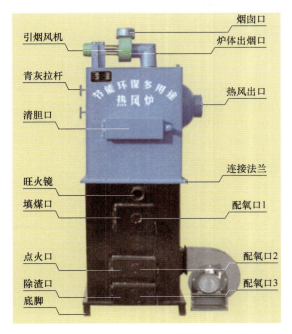

▲ 热风炉结构示意图和实景图（立式热风炉）。

二、通风设备

无动力通风设备

◀ 无动力屋顶风机。利用自然界空气对流原理，将任何平行方向的空气流动加速并转变为由下向上垂直的空气流动，以提高舍内通风换气效果的一种装置。不用电，无噪声，可长期运行。

◀ 机械通风。鸡舍一端安装风机进行排风或送风，另一端留进气口或排气口，形成舍内空气流动。夏季可以在进气口安装湿帘，使进入舍内的空气温度降低，有利于防暑降温。

三、照明设备

鸡舍必须安装人工照明系统。人工照明采用普通灯泡或节能灯泡，安装灯罩，以防尘和最大限度地利用灯光。根据饲养阶段采用不同功率的灯泡。如育雏舍用 40~60 瓦的灯泡，育成舍用 15~25 瓦的灯泡，产蛋舍用 25~45 瓦的灯泡。灯距为 2~3 米。笼养鸡舍每个走道上安装一列光源。平养鸡舍的光源布置要均匀。

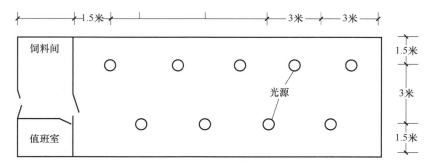

▲ 平养鸡舍光源布局图。

四、笼具

▲ 重叠式育雏育成笼。

▲ 阶梯式育雏育成笼。每个单笼长1.9米，中间有一隔网隔成两个笼格，笼深0.5米，适用于0~20周龄鸡。每个笼格饲养育成鸡12~15只。

五、清粪设备

▲ 牵引式清粪机。主要是为鸡的阶梯式笼养及肉鸡高床式饲养而设计的纵向清粪系统。每台可用于2~3列鸡笼或肉鸡式高床式粪沟。刮板尺寸可按粪沟定做，标准粪沟宽度为180厘米。

▲ 牵引式清粪机内部实景和一端的横向粪沟。

六、喂料和饮水设备

▲ 开食盘。雏鸡前5天使用方形或圆形的开食盘，开食盘有1厘米高的边缘，规格为45厘米×45厘米的开食盘（圆盘直径为45厘米左右）可以满足100只雏鸡的需要。

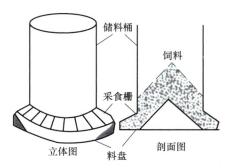

储料桶

饲料

采食栅

立体图　料盘

剖面图

▲ 料桶由底盘和圆桶组成。料桶有大小型号，根据鸡的日龄选用。雏鸡 5 天以后可以使用料桶或料槽。8~15 只需要料桶 1 个。

▲ 平养鸡舍自动喂料系统。

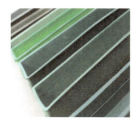

▲ 长型料槽。材质多见塑料、木材和铁皮等。每只鸡 5~10 厘米。

1.5千克　3千克　5千克　8千克

▲ 饮水器有壶式、普拉松式和乳头式。2.5 升的壶式饮水器可供 50 只雏鸡饮水；5 升的普拉松（可与自来水相连接）式饮水器可供 100 只雏鸡饮水。每 5~8 只鸡 1 个乳头式饮水器。开饮时最好使用壶式或普拉松式饮水器，使雏鸡尽快学会饮水。育成鸡或成年鸡需要 5~8 厘米的饮水槽位。

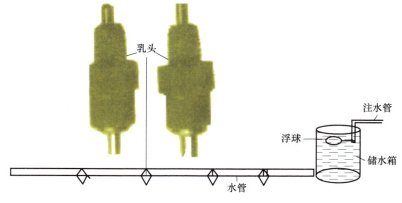

乳头

注水管

浮球

储水箱

水管

▲ 乳头式自动饮水器。

◀ 散养鸡料桶与饮水器的布局图。

七、清洗消毒设施

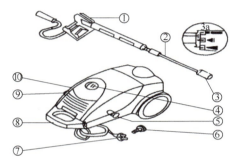

①机器主开关（开/关）；②进水过滤器；③联结器；④带安全棘齿（防止倒转）的喷枪杆；⑤高压管；⑥带压力控制的喷枪杆；⑦电源连接插头；⑧手柄；⑨带计量阀的洗涤剂吸管；⑩高压出口

高压清洗机结构示意图

◀ 消毒车（左图）和喷雾器（右图），供鸡场进行喷雾、喷洒等消毒使用。

八、备用发电设备

◀ 备用发电机组。鸡场对电力依赖性强，备用发电机组可以在停电时应急供电。

第四节　鸡场的环境管理

一、鸡场隔离卫生

　　土鸡场要有明确的场界，较大的牧场四周要设围墙，场界的墙要求是较高的实心墙；场内的各区间要设小围墙，尤其是病鸡管理区。场门或鸡舍出入口处要设立车辆及人员进出的消毒设施（消毒池、消毒室）。

二、水源保护

　　土鸡场水源要远离污染源，水源周围 50 米内不得设置储粪场、渗漏厕所。水井设在地势高燥处，防止雨水、污水倒流引起污染。定期检测水质，发现问题及时处理。

三、废弃物处理

　　土鸡场的废弃物主要有粪便、污水和病死鸡，如果处理不善，不仅会对鸡场和周边环境造成严重污染，而且会造成疫病的传播，危害鸡群健康。

1. 粪便处理

　　（1）生产肥料　鸡粪是优质的有机肥，经过堆积腐熟或高温、发酵干燥处理后，体积变小、松软、无臭味，不带病原微生物，常用于果林、蔬菜、瓜类和花卉等经济作物的肥料，也用于无土栽培和生产绿色食品。施用烘干鸡粪的瓜类和番茄等蔬菜，其产量明显高于混合肥和复合营养液的对照组，且瓜菜中的可溶性固形物糖酸和维生素 C 的含量也有极大提高。

◀ 条垛式堆肥发酵处理。方法简单，投资小，可用翻斗车机械操作，也可用人力车人工操作。堆垛上用塑料布覆盖以减少臭气。

◀ 槽式好氧发酵处理。可以处理大批量粪便，搅拌装置容易磨损和腐蚀、投资相对较高、运行费用相对较高。

◀ 工厂化堆积发酵和塑料薄膜覆盖发酵。可以处理大批量粪便，不需要搅拌设备，投资小。

（2）生产饲料 鸡粪含有丰富的营养成分，开发利用鸡粪饲料具有非常广阔的应用前景。鸡粪不仅是反刍动物良好的蛋白质补充料，也是单胃动物及鱼类良好的饲料蛋白来源。鸡粪饲料资源化的处理方法有直接饲喂、干燥处理、发酵处理、青贮及膨化制粒等。

◀ 鸡粪机械干燥处理。适合大型鸡场。多以电源加热，温度70℃时持续12小时、140℃时持续1小时、180℃时持续30分钟即可干燥。产量大，不受季节影响。投资大，耗能高。

◀ 自然干燥。不需要设备，成本较低。需要较大的晒场，受外界气候条件影响较大，劳动强度大。

◀ 青贮发酵。将含水量60%~70%的鸡粪与一定比例铡碎的玉米秸秆、青草等混合，再加入10%~15%糠麸或草粉，以及0.5%食盐，混匀后装入青贮池或窖内，踏实封严，经30~50天后即可使用青贮发酵后的鸡粪粗蛋白质可达18%，且具有清香气味，适口性增强，是牛羊的理想饲料，可直接饲喂反刍动物。

● 酒糟发酵。在鲜鸡粪中加入适量的糠麸，再加入10%酒糟和10%的水，搅拌混匀后，装入发酵池或缸中发酵10~12小时，再经100℃蒸汽灭菌后即可利用。发酵后的鸡粪适口性提高，具有酒香味，而且发酵时间短，处理成本低，但处理后的鸡粪不利于长期贮存，应现用现配。

● 糖化处理。在经过去杂、干燥、粉碎后的鸡粪中，加入清水，搅拌均匀（加入水量以手握鸡粪呈团状不滴水为宜），与洗净切碎的青菜或青草充分混合，装缸压紧后，撒上3厘米左右厚的麦麸或米糠，缸口用塑料薄膜覆盖扎紧，用泥封严。夏季放在阴凉处，冬季放在室内，10天后就可糖化。处理后的鸡粪养分含量提高，无异味而且适口性增强。

（3）生产沼气 鸡粪是沼气发酵的优质原料之一，尤其是高水分的鸡粪。鸡粪和草（或秸秆）以（2~3）∶1的比例，在碳氮比（13~30）∶1，pH为6.8~7.4条件下，利用微生物进行厌氧发酵，产生可燃性气体。每千克鸡粪产生 $0.08 \sim 0.09$ 米^3 的可燃性气体，发热值为 $4187 \sim 4605$ 兆焦/米^3。

◀ 沼气池处理。发酵后的沼渣可养鱼、养殖蚯蚓、栽培食用菌、生产优质有机肥和改良土壤。

2. 污水处理

土鸡场必须专设排水设施，以便及时排除雨、雪水及生产污水。全场排水网分主干和支干，主干主要是配合道路网设置的路旁排水沟，将全场地面径流或污水汇集到几条主干道内排出；支干主要是鸡舍的污水排水沟，使水排入污水池中。排水沟的宽度和深度可根据地势和排水量而定，沟底、沟壁应夯实，暗沟可用水管或砖砌，如暗沟过长（超过 200 米），应增设沉淀井，以免污物淤塞，影响排水。但应注意，沉淀井距供水水源应在 200 米以上，以免造成污染。

◀ 土鸡场污水发酵池。污水在污水池中厌氧发酵，最好在污水中加入一些发酵菌种或自来水厂的污泥。为加剧沉淀，可以使用混凝剂。

【提示】　土鸡场污水必须进行合理的处理：一是土鸡场要建立各自独立的雨水和污水排水系统，雨水可以直接排放，污水要进入污水处理系统；二是采用干清粪工艺，干清粪工艺可以减少污水的排放量；三是加强污水的处理，要建立污水处理系统，污水处理设施要远离鸡场的水源，进入污水池中的污水经处理达标后才能排放。如按污水收集沉淀池→多级化粪池或沼气→处理后的污水或沼液→外排或排入鱼塘的途径设计，以达到既利用变废为宝的资源——沼气、沼液（渣），又能实现立体养殖增效的目的。

3. 尸体处理

（1）焚烧法　焚烧也是一种较完善的方法，但不能利用产品，且成本高，故不常用。对一些危害人、畜健康极为严重的传染病病畜的尸体，仍有必要采用此法。

◀ 病死鸡焚化炉。将病死鸡直接投入焚化炉内烧掉。要烧透，不留残渣。

（2）土埋法　是利用土壤的自净作用使其无害化。此法虽简单但不理想，因其无害化过程缓慢，某些病原微生物能长期生存，从而污染土壤和地下水，并会造成二次污染。

◀ 采用土埋法，必须遵守卫生要求，即埋尸坑应远离鸡舍、放牧地、居民点和水源，地势高燥，死鸡掩埋深度不小于2米，死鸡四周应洒上消毒药剂（烧碱或生石灰），埋尸坑四周最好设栅栏并做上标记。

（3）发酵　利用病死鸡尸体处理塔或化尸池进行发酵处理。

▲ 尸体处理塔或化尸池发酵处理病死鸡。

【注意】　在处理鸡尸体时，不论采用哪种方法，都必须将病鸡的排泄物、各种废弃物等一并进行处理，以免造成环境污染。

4. 垫料处理

土鸡场采用地面平养（特别是育雏育成期）多使用垫料，使用垫料对改善环境条件具有重要的意义。垫料具有保暖、吸潮和吸收有害气体等作用，可以降低舍内湿度和有害气体浓度，保证一个舒适、温暖的小气候环境。

四、灭鼠、杀虫

1. 灭鼠

鼠是人、畜禽多种传染病的传播媒介，鼠还盗食饲料和禽蛋，咬死雏禽，咬坏物品，污染饲料和饮水，危害极大，鸡场必须加强灭鼠。

（1）防止鼠类进入建筑物　鼠类多从墙基、天窗、瓦顶等处窜入室内，在设计施工时注意：墙基最好用水泥制成，碎石和砖砌的墙基，应用灰浆抹缝。墙面应平直光滑，防止鼠沿粗糙墙面攀登。砌缝不严的空心墙体，易使鼠隐匿营巢，要填补抹平。为防止鼠类爬上屋顶，可将墙角处做成圆弧形。墙体上部与天棚衔接处应砌实，不留空隙。瓦顶房屋应缩小瓦缝和瓦、椽间的空隙并填实。用砖、石铺设的地面和床，应衔接紧密并用水泥灰浆填缝。各种管道周围要用水泥填平。通气孔、地脚窗、排水沟（粪尿沟）出口均应安装孔径小于1厘米的铁丝网，以防鼠窜入。

▲ 鸡舍周围设置防鼠带，防止老鼠打洞进入舍内。防鼠带深 25~30 厘米、宽 15~20 厘米。带内放置小滑石或碎石子。

▲ 鸡舍周围空旷，可以减少老鼠进入鸡舍。

（2）**化学灭鼠**　化学灭鼠效率高、使用方便、成本低、见效快，但可能引起人、畜禽中毒，有些鼠对药剂有选择性、拒食性和耐药性。所以，使用时必须选好药剂和注意使用方法。鸡场的鼠类以孵化室、饲料库、鸡舍最多。饲料库可用熏蒸剂毒杀。投放毒饵时，笼养土鸡要防止毒饵混入饲料中。在采用全进全出制的生产程序时，可结合舍内消毒时一并进行。

◆ 配制 0.2% 敌鼠钠盐稻谷毒饵。敌鼠钠盐、稻谷和沸水的重量比为 0.2∶100∶25。先将敌鼠钠盐溶于沸水中，趁热将药液倾入稻中，拌匀，并经常搅拌，待吸干药液，即可布放。如暂不用，要晒干保存。如制麦粒或大米饵，敌鼠钠盐与沸水量减半。常用的慢性灭鼠药见表 3-3。

表 3-3　常用的慢性灭鼠药

商品名称	常用配制方法及含量	安全性
特杀鼠 2 号（复方灭鼠剂）	0.05%~1%，浸渍法、混合法配制毒饵，也可配制毒水使用	安全，有特效解毒剂
特杀鼠 3 号	0.005%~0.01%，配制方法同上	同上
敌鼠（二苯杀鼠酮、双苯杀鼠酮）	0.05%~0.3%，黏附法配制毒饵	安全，对猫、狗有危险，有特效解毒剂
敌鼠钠盐	0.05%~0.3%，配制毒水使用	同上
杀鼠灵（灭鼠灵）	0.025%~0.05%，黏附法、混合法配制毒饵	猫、狗和猪敏感，有特效解毒药
杀鼠迷（香豆素、立克命）	0.0375%~0.075%，黏附法、混合法和浸泡法配制毒饵	安全，有特效解毒剂
氯敌鼠（氯鼠酮）	0.005%~0.025%，黏附法、混合法和浸泡法配制毒饵	安全，狗较敏感，有特效解毒剂
大隆（沙鼠隆）	0.001%~0.005%，浸泡法配制毒饵	不太安全，有特效解毒剂
溴敌隆（乐万通）	0.005%~0.01%，黏附法、混合法配制毒饵	兔、猪、狗、猫、家禽等注意安全，有特效解毒剂

◆ 布放方法。鸡舍外，可放在运动场、护泥石墙、土坡、草丛、杂物堆、鼠洞旁，

鼠路上以及鼠进出鸡舍的孔道上；鸡舍内，则放在食槽下、走道旁、水渠边、墙脚、墙角以及天花板上老鼠经常行走的地方。另外，在生活区、办公室和附属设施、饲料仓库，邻近鸡场500米范围内的农田、竹林、荒地和居民点等都要同时进行灭鼠，防止老鼠漏网。一般每隔2~3米放一堆，每堆50克左右。最好是一次投足3天的食量。鼠尸应及时清理，以防被人、畜禽误食而发生二次中毒。选用鼠长期吃惯了的食物作为饵料，突然投放，饵料充足，分布广泛，以保证灭鼠的效果。

2. 杀虫

（1）**保持环境卫生**　搞好鸡场环境卫生，保持环境清洁、干燥，是杀灭蚊蝇的基本措施。蚊虫需在水中产卵、孵化和发育，蝇蛆也需在潮湿的环境及粪便等废弃物中生长。因此，应填平无用的污水池、土坑、水沟和洼地。保持排水系统畅通，对阴沟、沟渠等定期疏通，勿使污水储积。对贮水池等容器加盖，以防蚊蝇飞入产卵。对不能清除或加盖的防火贮水器，在蚊蝇滋生的季节，应定期换水。对于永久性水体（如鱼塘、池塘等），蚊虫多滋生在水浅而有植被的边缘区域，修整边岸，加大坡度和填充浅湾，能有效地防止蚊虫滋生。鸡舍内的粪便应定时清除，并及时处理，贮粪池应加盖并保持四周环境的清洁。

（2）**化学杀灭**　化学杀灭是使用天然或合成的毒物毒杀或驱逐蚊蝇。化学杀虫法具有使用方便、见效快等优点，是当前杀灭蚊蝇的较好方法。

◀ 马拉硫磷。为有机磷杀虫剂。它是世界卫生组织推荐用的室内滞留喷洒杀虫剂，其杀虫作用强而快，具有胃毒、触杀作用，也可做熏杀，杀虫范围广，可杀灭蚊、蝇、蛆、虱等，对人、畜禽的毒害小，故适于畜禽舍内使用。

◀ 合成菊酯类。是一种神经毒药剂，可使蚊蝇等迅速呈现神经麻痹而死亡。杀虫力强，特别是对蚊的毒效比马拉硫磷等高10倍以上，对蝇类，因不产生抗药性，故可长期使用。

五、环境消毒

消毒可以预防和阻止疫病发生、传播和蔓延。鸡场环境消毒是卫生防疫工作的重要部分。随着养鸡业集约化经营的发展，消毒对预防疫病的发生和蔓延具有更重要的意义。

04

第四章

种用土鸡的饲养管理

第一节　育雏期的饲养管理

一、种用土鸡的饲养阶段的划分

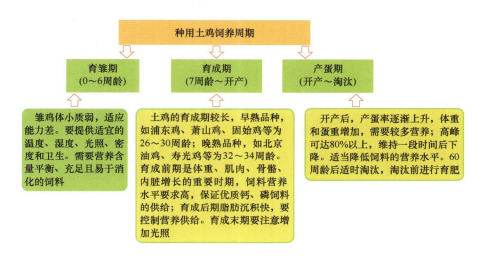

```
种用土鸡饲养周期
```

育雏期 (0~6周龄)	育成期 (7周龄~开产)	产蛋期 (开产~淘汰)

雏鸡体小质弱，适应能力差。要提供适宜的温度、湿度、光照、密度和卫生。需要营养含量平衡、充足且易于消化的饲料

土鸡的育成期较长，早熟品种，如浦东鸡、萧山鸡、固始鸡等为26~30周龄；晚熟品种，如北京油鸡、寿光鸡等为32~34周龄。育成前期是体重、肌肉、骨骼、内脏增长的重要时期，饲料营养水平要求高，保证优质钙、磷饲料的供给；育成后期脂肪沉积快，要控制营养供给。育成末期要注意增加光照

开产后，产蛋率逐渐上升，体重和蛋重增加，需要较多营养；高峰可达80%以上，维持一段时间后下降。适当降低饲料的营养水平。60周龄后适时淘汰，淘汰前进行育肥

二、雏鸡的生理特点

1. 体温调节机能差

雏鸡体温调节机能不健全，没有羽毛，防寒能力差，育雏期需要人工给予适宜的环境温度。随着日龄、体重增加，羽毛长出和脱换，就可以适应外界环境温度的变化。

◀ 刚出壳雏鸡体温比成年鸡体温低2~3℃，4日龄才开始慢慢地上升，到10日龄才能达到成年鸡体温，到21日龄，体温调节机能逐渐趋于完善。羽毛具有保温隔热作用，幼雏只有稀短的绒毛，没有羽毛。4~5日龄长出第一身羽毛，7~8周龄长出第二身羽毛，17~18周龄长出成年羽毛。随着羽毛的生长丰满，适应外界气候能力越来越强。

2. 消化机能尚未健全

刚出壳雏鸡

2周龄雏鸡

6周龄雏鸡

▲ 雏鸡生长发育迅速（出壳体重为37克左右，2周龄末达到140克左右，6周龄末体重为410克左右），代谢旺盛，但消化器官容积小、消化功能差。配制的日粮营养要充足、平衡、易于消化。饲喂时要少喂勤添。

3. 抵抗力差

雏鸡体小质弱，对疾病抵抗力很弱，易感染疾病，如鸡白痢、大肠杆菌病、法氏囊病、球虫病、鸡败血支原体感染等。育雏阶段要严格控制环境卫生，切实做好防疫隔离。

4. 敏感胆小

雏鸡比较敏感，胆小怕惊吓。雏鸡生活环境一定要保持安静，避免有噪声或突然惊吓。非工作人员应避免进入育雏舍。在雏鸡舍和运动场上应增加防护设备，以防鼠、蛇、猫、狗、老鹰等的袭击和侵害。雏鸡喜欢群居，便于大群饲养管理，有利于节省人力、物力和设备。

5. 群居性强

◀ 土鸡喜欢一起采食、活动和休息，可以大群高密度饲养。模仿能力强，也易模仿啄癖、打斗等恶癖，生产中应加以严格管理。

三、育雏的供温方式和育雏方式

1. 育雏的供温方式

（1）保姆伞供温　形状像伞，撑开吊起，伞内侧安装有加温和控温装置（如电热丝、电热管、温度控制器等），伞下一定区域达到育雏温度。适用于地面平养、网上平养。

◀ 根据育雏数量，育雏舍内可以放置多个保姆伞。伞的直径大小（热源面积）不同，每个伞养育的雏鸡数量不等，热源面积与育雏数量见表4-1。

◀ 目前保姆伞的材料多是耐高温的尼龙，可以折叠，使用比较方便。

表 4-1　热源面积与育雏数量表

热源直径/厘米	伞高/厘米	半月内容鸡只数
100	55	300
130	60	400
150	70	500
180	80	600
240	100	1000

◀ 保姆伞下形成不同的温度区，伞中央温度最高，离伞越远，温度越低。雏鸡在伞下活动，采食和饮水。保姆伞育雏数量多（200～1000 只），雏鸡可以在伞下选择适宜的温度区，换气良好。但育雏舍内需要保持一定的温度（需要保持 24℃）。

（2）锅炉热水供温　锅炉燃烧产生热量将炉内的水加热，热水在循环泵的作用下，通过管道把热水送到育雏室的散热器内，使舍内温度升高到育雏温度。此法使得育雏舍清洁卫生，育雏温度稳定，温控可以采用电脑控制。但投入较大。

（3）热风炉供温　将热风炉产生的热风引入育雏舍内，使舍内温度升高。

▲ 热风炉是利用燃料或电能将热风炉中的空气加热，再利用风机将热风送入舍内，使舍内温度升高。如果育雏室较长时，舍内应安装送风管道（管道上有呈 120 度下俯角设置的散风口），有利于舍内温度均匀。热风炉供温，舍内温度均匀、可以全自动控制，舍内卫生。目前生产中广泛采用。

（4）火炉、烟道等供温

◀ 火炉供温。利用火炉加热，通过烟管散热和导出煤气，是一种传统方式。经济简单，但温度不稳定，环境差。

◀ 烟道供温。利用火炉加热，通过烟道（可分为地上烟道和地下烟道）散热，由烟囱将煤气导出，是一种传统方式。温度稳定，环境好，但浪费燃料。

（5）红外线等加温　利用红外线等加热。设备简单，但运行成本较高。

2. 育雏方式

（1）地面育雏　地面育雏就是将雏鸡养在铺有垫料的地面上。根据垫料厚度和更换情况分为更换垫料育雏和厚垫料育雏。

1）更换垫料育雏。

① 把鸡养在铺有垫料的地面上，垫料厚3~5厘米，经常更换。育雏前期可在垫料

上铺上黄纸，有利于饲喂和雏鸡活动。换上料槽后可去掉黄纸，根据垫料的潮湿程度更换或部分更换。垫料可重复利用。

② 优点是简单易行，养殖户容易做到，但缺点也较突出，雏鸡经常与粪便接触，容易感染疾病，饲养密度小，占地面积大，管理不够方便，劳动强度大。

2）厚垫料育雏。

① 厚垫料育雏指在地面上铺上 10～15 厘米厚的垫料，雏鸡生活在垫料上，以后经常用新鲜的垫料覆盖于原有垫料上，到育雏结束才一次清理垫料和废弃物。

② 优点是劳动强度小，雏鸡感到舒适（由于原料本身能发热，雏鸡腹部受热良好），并能为雏鸡提供某些维生素（厚垫料中微生物的活动可以产生维生素 B_{12}，有利于促进雏鸡的食欲和新陈代谢，提高蛋白质利用率）。

| 稻壳 | 刨花 | 锯屑 | 花生壳 | 玉米芯 | 秸秆 |

▲ 对垫料的要求：重量轻、吸湿性好、易干燥、柔软有弹性、廉价、适于作肥料。

（2）网上育雏　网上育雏就是将雏鸡养在离地面 80～100 厘米高的网上。网面的构成材料种类较多，有钢制的（钢板网、钢编网）、木制的和竹制的，现在常用的是竹制的，将多个竹片串起来，制成竹片间距为 1.2～1.5 厘米的竹排，将多个竹排组合形成育雏网面。育雏前期再在上面铺上塑料网，可以避免别断雏鸡脚趾，雏鸡感到舒适。

◀ 网上育雏粪便直接落入网下，雏鸡不与粪便接触，减少病原感染的机会，尤其是球虫病暴发的危险。网上育雏饲养密度比地面饲养可提高 20%～30%，减少了鸡舍面积，降低劳动强度。

（3）立体育雏　把雏鸡养在多层笼内，这样可以增加饲养密度，减少建筑面积和占用土地面积，便于机械化饲养，管理定额高，适合于规模化饲养。

◀ 层叠式育雏笼由笼架、笼体、料槽、水槽和托粪盘构成。笼架长、宽、高分为 100 厘米、60～80 厘米、150 厘米。从离地 30 厘米起，每 40 厘米为 1 层，设 3 层或 4 层，笼底与托粪盘相距 10 厘米。

◀ 阶梯式育雏笼一般笼架长、宽、高分别为 200 厘米、180~200 厘米、140~150 厘米。粪便直接落入地面或粪沟内。

◀ 多层网床育雏。使用木条和塑料网自制的多层网床，成本低。

四、育雏季节的选择

密闭式鸡舍全年均可育雏。开放式和半开放式鸡舍，无论饲养祖代还是父母代种鸡，育雏季节均以春季最好，秋季和冬季次之，夏季最差。3~5 月孵化的种雏，因春季气温适中、日照渐长、阳光充足，育雏成活率高，种雏体质健壮。育成鸡阶段赶上夏秋季节，户外活动时间多，后备鸡体质强健。当年 8~10 月开产，种鸡产蛋期长，产蛋率高，当年即可产生后代。第二年春季可大批量提供商品代种蛋。夏季育雏，正值高温季节，生长慢，易发病。祖代夏季雏鸡在 11 月~第二年 1 月开产，第二年春季开始供父母代种雏，父母代春季雏鸡当年秋季可提供商品代种蛋。秋季育雏是指 9~11 月孵出的种雏。此时气温适宜育雏。但受自然光照影响，性成熟早，到成年时种鸡体重较轻，所产种蛋较小，产蛋期持续时间短。祖代秋季雏鸡在第二年 2~4 月开产，春季可提供较多的父母代种雏。该批父母代 10~12 月可供商品代肉鸡苗。冬季育雏，恰遇一年中气温最低时期，需要人工加温时间较长，燃料费用高，消耗的饲料也多，经济上不合算。但冬季加温育雏要比夏季降温育雏容易得多，冬季干燥，疾病少，成活率高。祖代冬雏第二年 5~7 月开产，秋季即可提供父母代种雏，该父母代来年可供应大批商品代雏鸡。

选择育雏季节，应根据每个季节的育雏特点，市场对土种鸡、种蛋及肉仔鸡的供需预测，进行综合考虑。例如，每年的 2~4 月一般是优质土鸡的销售淡季，那么前一年的 11、12 月和第二年的 1 月份则是种蛋和雏鸡的销售淡季，市场对种蛋和雏鸡的质量要求高，但价格却很低。所以，每年的 5~7 月不要购进土鸡父母代种雏鸡，以防产蛋高峰期落在淡季，造成经济效益不佳或亏本。

五、育雏前的准备

1. 育雏舍准备

◀ 育雏舍要保温隔热，地面硬化，高度一般为 2.5~2.8 米，专用育雏舍窗户面积可以小一些。

◀ 育雏育成舍，设置窗户既要考虑育雏期保温，还要考虑育成期通风。窗户面积可以大一些，但要能够封闭保温。高度可以高一些，要有天棚。

【提示】 育雏方式不同、鸡的种类不同，需要的面积不同，育雏舍面积根据育雏方式、种类、数量来确定。

2. 育雏舍清洁消毒

将舍内的鸡粪、垫料、顶棚上的蜘蛛网、尘土等清扫出鸡舍，再进行检查维修，使鸡舍和设备处于正常使用状态；按顺序消毒鸡舍和设备，冲洗→干燥→药物消毒→熏蒸消毒→空置 3 周→进鸡前 3 天通风，排出甲醛气体。

▲ 清除。

▲ 冲洗。

▲ 药物消毒。

▲ 熏蒸消毒。

3. 用具和药品准备

1）饲喂用具。开食盘、料桶，有的使用长型料槽（每只雏鸡5厘米长度）。
2）饮水用具。一般使用饮水器。
3）防疫消毒用具和断喙用具。

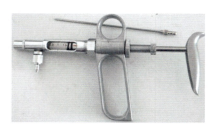

▲ 连续注射器。

▲ 滴管。

▲ 气雾免疫机。

▲ 自动断喙器。

4）药品。疫苗等生物制品，防治白痢、球虫的药物（如球痢灵、杜球、三字球虫粉等），抗应激剂（如维生素C、速溶多维），营养剂（如糖、奶粉、多维电解质等）和消毒药（酸类、醛类、氯制剂等，准备3~5种消毒药交替使用）等。

4. 温度调试

安装好供温设备后要调试，以了解供温设备的性能。根据供温设备情况提前升温，避免雏鸡入舍时温度达不到要求影响育雏效果。

◀ 观察供温后温度能否上升到要求的温度，需要多长时间。如果达不到要求，要采取措施尽早解决。育雏前2天，要使温度上升到育雏温度且保持稳定。

5. 人员、饲料和垫料的准备

育雏人员在育雏前1周左右到位并着手工作。饲料在雏鸡入舍前1天进入育雏舍，准备的饲料可饲喂5~7天，太多饲料易变质或造成营养损失。如果采用地面平养，还需要准备锯屑、刨花、砸短的麦秸和稻草等垫料。

六、雏鸡的选择和运输

1. 进雏

雏鸡来源于规模较大、洁净卫生的种禽场，并向引种禽场索要种畜禽生产经营许可证、动物防疫合格证、引种证明、动物检疫合格证等法律法规规定的证明文件，并保存3年以上。

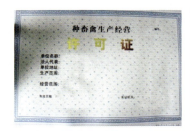

▲ 种禽场要有种畜禽生产经营许可证和动物防疫合格证。

▲ 引种时要有引种证明和动物检疫合格证。

2. 雏鸡的选择

由于土鸡的健康、营养和遗传等先天因素的影响，以及孵化、长途运输、出壳时间过长等后天因素的影响，初生雏中常出现有弱雏、畸形雏和残雏等，对此需要淘汰，因此选择健康雏鸡是育雏的首要工作，也是育雏成功的基础。健康雏与弱雏的区别，详见表4-2。

表 4-2　健康雏与弱雏的区别

项目	健康雏	弱雏
绒毛	绒毛整洁，长短适中，色泽光亮	污秽蓬乱，缺乏光泽，有时绒毛短缺
体重	大小均匀，体态匀称	大小不一，过重或过轻
脐部	愈合良好，干燥，覆盖有绒毛	愈合不良，有黏液或卵黄囊外露，触摸有硬块
腹部	大小适中，柔软	特别大
精神	活泼好动，反应灵敏	站立不稳，闭目，反应迟钝
叫声	响亮而清脆	嘶哑或鸣叫不休

3. 雏鸡的运输

雏鸡的运输直接影响雏鸡的质量。为保证雏鸡在出壳后 36 小时内进入育雏舍，运输时要求迅速、及时、安全、平稳。运输车辆可以选择有空调系统的专用运输车，确保运输过程中为雏鸡提供舒适的环境条件，运输途中要注意检查雏鸡的动态。

◀ 雏鸡运输箱和雏鸡运输盒（材质是塑料或纸质）。箱或盒内有隔墙将其分为 4 格，每格 25 只鸡。可以避免路途叠堆导致雏鸡死亡。

◀ 雏鸡运输车和雏鸡的装车。

七、雏鸡的饲养

1. 雏鸡的饮水

雏鸡的消化吸收、废弃物的排泄、体温调节等都需要水。水在机体内占有很高的比例，且是重要的营养素。据研究，雏鸡出壳后 24 小时消耗体内水分的 8%，48 小时消耗 15%。所以必须保证供应充足的饮水。

◀ 开水。雏鸡第一次饮水叫开水。雏鸡最好出壳后 12~24 小时能够饮到水。

雏鸡入舍后就要饮到水，可以缓解运输途中给雏鸡造成的脱水和路途疲劳。出壳过久饮不到水会引起雏鸡脱水和虚弱，而脱水和虚弱又直接影响到雏鸡尽快学会饮水和采食。

【提示】 为使雏鸡尽快恢复体力、消除运输应激，在饮水中最好按 5% 的比例加入蔗糖或葡萄糖，或 2%~3% 的奶粉，也可以按厂家说明加入电解多维或速补-12 等。

如果雏鸡不知道或不愿意饮水，采用人工诱导或驱赶的方法（把雏鸡的喙浸入水中几次，雏鸡知道水源后会饮水，其他雏鸡也会学着饮水）使雏鸡尽早学会饮水，对个别不饮水的雏鸡可以用滴管滴服。

◀ 暖房式育雏（整个育雏舍内温度达到育雏温度），饮水器均匀放在网面上、地面上。饮水器边缘高度与鸡背相平。

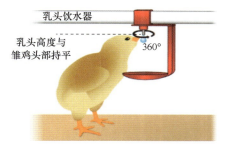

乳头饮水器

乳头高度与
雏鸡头部持平

360°

◀ 乳头饮水器饮水，最初 2 天，乳头调至与雏鸡眼部平行，第 3 天提升水线，使雏鸡以 45 度饮水，以后逐渐到第 10 天调至 70~80 度角。

▲ 保姆伞育雏，自动饮水器设置在育雏伞边缘外；壶式饮水器均匀放在伞外的垫料上。

▲ 笼育时，饮水器放在笼底网的网面上，每个笼内都要有饮水器。

0~3 日龄雏鸡饮用温开水，水温为 16~20℃，以后可饮洁净的自来水或深井水，雏鸡的正常饮水量见表 4-3。

表 4-3　雏鸡的正常饮水量 [单位：毫升/（天·只）]

周龄	1~2	3	4	5	6	7	8
饮水量	自由饮水	40~50	45~55	55~65	65~75	75~85	85~90

【注意】①将饮水器均匀放在育雏舍光亮温暖、靠近料盘的地方。②保证饮水器中经常有水，发现饮水器中无水，立即加水，不要待所有饮水器无水时再加水（雏鸡有定位饮水习惯），避免鸡群缺水后的暴饮。③饮药水要现用现配，以免失效，掌握准确药量，防止过高或过低，过高易引起中毒，过低无疗效。④经常刷洗饮水器水盘，保持干净卫生。⑤饮水免疫的前后 2 天，饮用水和饮水器不能含有消毒剂，否则会降低疫苗效果，甚至使疫苗失效。⑥注意观察雏鸡是否都能饮到水，发现饮不到水的要查找原因，立即解决。若饮水器少，要增加饮水器数量；若光线暗或不均匀，要增加光线强度；若温度不适宜，要调整温度。

2. 雏鸡的开食

【提示】　雏鸡第一次饲喂叫开食。雏鸡要适时开食，即大约 1/3 雏鸡有觅食行为时可开食。一般是幼雏进入育雏舍，休息、饮水后就可开食。最重要的是保证雏鸡出壳后尽快学会采食，学会采食时间越早，采食的饲料越多，越有利于早期生长和体重达标。

◀ 开食最合适的饲喂用具是大而扁平的容器或料盘。因其面积大，雏鸡容易接触到饲料和采食饲料，易学会采食。

◀ 传统的开食料使用碎玉米、碎米、碎小米等，现在开食使用蛋雏鸡配合饲料。配合饲料营养全面平衡，含有雏鸡生长的各种营养物质。

◀ 将开食料用温水拌湿（手握成块一松即散），撒在开食盘上。湿拌料适口性好，获取营养物质全面。

▲ 也可将开食料拌湿撒在黄纸上让鸡采食。

▲ 1 周后使用料桶喂干粉料。及早将料桶放入舍内并放一些料让雏鸡适应。

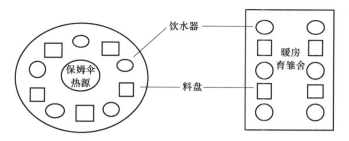

◀ 开食盘和饮水器的布局图。

1）对不采食的雏鸡群要人工诱导其采食，即用食指轻敲纸面或食盘，发出雏鸡啄食的声响，诱导雏鸡跟着手指啄食，有一部分雏鸡啄食，很快会使全群采食。

2）开食后要注意观察雏鸡的采食情况，保证每只雏鸡都吃到饲料，尽早学会采食。开食几小时后，雏鸡的嗉囊应是饱的，若不饱，应检查其原因（如光线太弱或不均匀、食盘太少或撒料不匀、温度不适宜、体质弱或其他情况）并加以解决和纠正。开食好的鸡采食积极、速度快，采食量逐日增加。

3. 雏鸡的饲喂

1）饲喂次数。开食后，第一天每 1~2 小时添料 1 次，少添勤添。添料的过程也是诱导雏鸡采食的一种措施。在前 2 周每天喂 6 次，其中 5:00 和 22:00 各喂 1 次；3~4 周每天喂 5 次；5 周以后每天喂 4 次。育成期一般每天饲喂 1~2 次。

2）饲喂方法。进雏前 3~5 天，饲料撒在黄纸或料盘上，让雏鸡采食，以后改用料桶或料槽。前 2 周每次饲喂不宜过饱。幼雏贪吃，容易采食过量，引起消化不良，一般每次采食九成饱即可，采食时间约 45 分钟。3 周以后可以自由采食。生产中要根据鸡的采食情况灵活掌握喂料量，下次添料时余料多或吃的不净，说明上次喂料量较多，可以适当减少一些，否则，应适当增加喂料量。既要保证雏鸡吃好，获得充足营养，又要避免饲料的浪费。

3）定期饲喂沙砾。

◀ 鸡无牙齿，食物要靠肌胃蠕动和胃内沙砾研磨。4 周龄时，每 100 只鸡喂 250 克中等大小的不溶性沙砾（不溶性是指不溶于盐酸。可以将沙砾放入盛有盐酸的烧杯中，如果有气泡说明是可溶性的）。

4）喂给青绿饲料。

牧草类

叶菜类

树叶类

块茎类

▲ 青绿饲料富含维生素，雏鸡从 5~6 月龄起，可以喂给青绿饲料。青绿饲料的用量，一般控制在精饲料用量的 20%左右为宜。

5）饲料中加入药物。为了预防沙门菌病、球虫病的发生，可以在饲料中加入药物。

【提示】 饲料中加药时，剂量要准确、拌料要均匀、用药时间要适当，还要考虑雏鸡的采食量和体重，以防药物中毒。

八、雏鸡的管理

1. 提供适宜的环境条件

（1）**适宜的温度**　温度是饲养雏鸡的首要条件，温度不仅影响雏鸡的体温调节、运动、采食、饮水及饲料营养消化吸收和休息等生理环节，还影响机体的代谢、抗体产生、体质状况等。只有适宜的温度才能保证雏鸡的生长发育和成活率的提高。育雏育成期适宜温度见表4-4。

表4-4　育雏育成期适宜温度

日龄	1~2	7	14	21	28	35	42	49~140
温度/℃	33~35	30~33	28~30	26~28	24~26	21~24	18~21	16~18

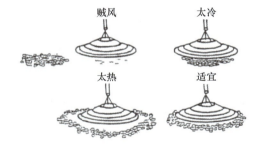

◀ 不同温度状态下雏鸡表现示意图。

◀ 温度适宜时，雏鸡分布均匀，食欲、饮水良好。精神活泼，叫声轻快，羽毛光洁、整齐。粪便正常。

1）温度的调整。可根据幼雏的体质、时间、群体情况等给予调整，使温度适宜均衡，变化小。一般出壳到2日龄温度稍高，以后每周降低2℃，直至20℃左右。白天雏鸡活动时，温度可稍低，夜晚雏鸡休息时，温度可稍高；周初比周末温度可稍高；健康雏稍低，病弱雏稍高；大群稍低，小群稍高；晴朗天稍低，阴雨天稍高。

◀ 育雏温度低时，雏鸡扎堆易挤压窒息死亡。尽量靠近热源，不愿采食，饮水减少，发出尖叫声。幼雏易患感冒、腹泻等疾病，尚未吸收完的卵黄也因低温而不能正常继续吸收，腹部大、硬，鸡体软弱，甚至死亡。

◀ 育雏温度高时雏鸡两翅和嘴张开，呼吸快，发出吱吱的鸣叫声，采食少，饮水多，精神差，远离热源。若长时间处于高温环境，雏鸡出现不食，频繁饮水，体质弱，易患呼吸道疾病和啄癖。

2）温度的测定。温度计的位置直接影响育雏温度的准确性，温度计位置过高，测得的温度比要求的育雏温度低而影响育雏效果的情况生产中常有出现。育雏前对温度计校正，做上记号。育雏过程中，根据雏鸡的行为表现进行适当的调整，即"看雏施温"。

3）脱温。当舍内外温差不大时可脱去温度。脱温要逐渐进行（3~5 天），防止太快而引起雏鸡感冒，避开各种逆境（免疫、转群、寒潮、换料等）。

▲ 测量温度用普通温度计即可，保姆伞育雏，温度计挂在距伞边缘 15 厘米、高度与鸡背相平（大约距地面 5 厘米）处；地面、网上和笼育雏，温度剂挂在距地面、网面和每层笼底网 5 厘米高处。

（2）**适宜的湿度**　适宜的湿度使雏鸡感到舒适，有利于其健康和生长发育；育雏舍内过于干燥，雏鸡体内水分随着呼吸而大量散发，则腹腔内的剩余卵黄吸收困难，同时由于干燥饮水过多，易引起腹泻，脚爪发干，羽毛生长缓慢，体质瘦弱；育雏舍内过于潮湿，由于育雏温度较高，且育雏舍内水源多，容易造成高温高湿环境，在此环境中，雏鸡闷热不适，呼吸困难，羽毛凌乱污秽，易患呼吸道疾病，增加死亡率。

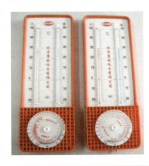

◀ 干湿温度计。育雏前期为防雏鸡脱水，相对湿度应为 75%~70%，可以在舍内火炉上放置水壶、在舍内喷热水等方法提高湿度；10~20 日龄，相对湿度降到 65% 左右；20 日龄以后，由于雏鸡采食量、饮水量、排泄量增加，育雏舍易潮湿，所以要加强通风，更换潮湿的垫料和清理粪便，以保证舍内相对湿度为 40%~55%。

【小常识】　圆盘式湿度计使用方法：在干湿温度计的水盘中放上水，让包裹温度计的棉纱浸入水盘中，挂在舍内，待 10 分钟后，可以观察温度计的读数。转动中间有刻度（代表的是干温度计读数）的红色圆盘，使干温度计读数与圆盘周围黑色刻度（代表的是湿温度计读数）对齐，有一指针指向下方的刻度就是相对湿度。

（3）新鲜的空气　通过通风换气可以驱除舍内污浊气体、水汽、尘埃和微生物，换进新鲜空气，调节舍内温度和湿度。

◀ 利用屋顶排风口和侧墙进气口或窗户进行通风换气。育雏舍内空气以人进到舍内不刺激鼻、眼，不觉胸闷为适宜。大型育雏舍可以安装风机。

【注意】　育雏舍内二氧化碳（CO_2）不应超过 0.05%，氨气（NH_3）不应超过 0.002%，硫化氢（H_2S）不超过 0.001%，一氧化碳（CO）不超过 0.0024%；育雏前期，注意保温，通风量少些；育雏后期，舍内空气容易污浊，应增加通风量；避免风直吹雏鸡，以免雏鸡着凉感冒。

（4）适宜的饲养密度　饲养密度过大，雏鸡易扎堆拥挤，发育不均匀，也易发生疾病，死亡率高。不同饲养方式的饲养密度见表 4-5。

表 4-5　不同饲养方式的饲养密度

周龄	地面平养/（只/米²）	网上平养/（只/米²）	立体笼养/（只/米²）
1~2	35~40	40~50	60
3~4	25~35	30~40	40
5~6	20~25	25	35
7~8	15~20	20	30

（5）合理的光照　育雏前 3 天，采用 24 小时的连续光照，光线强度为 50 勒克斯

（相当于每平方米放 15～20 瓦白炽灯），便于雏鸡熟悉环境，尽快学会采食，也有利于保温。4～7 日龄，每天光照 20 小时，8～14 日龄每天光照 16 小时，以后采用自然光照，光线强度逐渐减弱。

（6）卫生　雏鸡体小质弱，对环境的适应力和抗病力都很差，容易发病，特别是传染病。所以要加强入舍前的育雏舍消毒，加强环境和出入人员、用具设备消毒，经常带鸡消毒，并封闭育雏，做好隔离。

2. 让雏鸡尽快熟悉环境

◀ 育雏器周围最好加上护栏（冬季用板材，夏季用金属网），以防雏鸡远离热源，随着日龄增加，逐渐扩大护栏面积或移去护栏。育雏伞育雏时，伞内要安装一个小的白光灯或红光灯以调教雏鸡熟悉环境。2～3 天雏鸡熟悉热源后方可去掉。

护栏

暖房式（整个舍内温度达到育雏温度）加温的育雏舍，在育雏前期可以把雏鸡固定在一个较小的范围内，这样可以提高饲槽和饮水器的密度，有利于雏鸡学会采食和饮水。同时，育雏空间较小，有利于保持育雏温度和节约燃料；笼养时，育雏的前 2 周内笼底要铺上厚实粗糙并有良好吸湿性的纸张，这样笼底平整，易于保持育雏温度，雏鸡活动舒适。

3. 断喙

鸡的饲养管理过程中，由于种种原因，如饲养密度大、光照强、通气不良、饲料不全价及机体自身因素等会引起鸡群之间相互叨啄，形成啄癖，包括啄羽、啄肛、啄翅、啄趾等，轻则伤残，重者造成死亡，所以生产中要对雏鸡进行断喙。种用雏鸡一般在 8～10 日龄断喙（断喙时间晚，喙质硬，不好断；断喙过早，雏鸡体质弱，适应能力差，都会引起较严重的应激反应），可在以后转群或上笼时补断。

（1）断喙方法　用拇指捏住鸡头后部，食指捏住下喙咽喉部，将上下喙合拢，放入断喙器的小孔内，借助于灼热的刀片，切除鸡上下喙的一部分，断喙刀片灼烧组织可防止出血，断去上喙长度的 1/2、下喙长度的 1/3。

◀ 断喙前后比较。

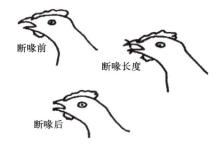

断喙前

断喙长度

断喙后

（2）断喙注意事项

1）鸡群发病期间不能断喙，待病痊愈后再断喙。断喙前、后，饮水中可加维生素

K 和维生素 C，以缓解应激，减少出血。

2）刀片温度 650～750℃ 为适宜（断喙器刀片呈暗红色）。温度太高，会将喙烫软变形。温度低，起不到断喙作用，即使断去喙，也会引起出血、感染。发现有出血时，再轻烙一次或涂浓碘酊进行止血，以免鸡失血过多造成死亡。

3）注意勿将舌尖断掉。

4）自然交配的鸡群，种公雏只要去掉喙尖的锐利部分就可以了。否则，切去的部分过长，配种时公鸡无法咬住母鸡的颈羽，影响配种。

5）断喙后食槽应有 1～2 厘米厚度的饲料，以避免雏鸡采食时与槽底接触引起喙痛，影响以后采食。

6）断喙器保持清洁，以防断喙时交叉感染。

4. 剪冠、断趾与断距

（1）剪冠　为识别不同品系、性别、杂交组合和防止冻伤，减少冠的机械性损伤，土种鸡无论哪一代的种公雏都要在 1 日龄时剪冠。

◀ 剪冠方法。操作时以左手掌轻握刚出壳的公雏，右手持医用弯头剪刀由头前方、沿头顶皮肤向后整齐剪去鸡冠，注意不要剪破头部其他部位，以防感染，一旦不慎出血，应迅速涂擦紫药水或碘酊。

（2）断趾与断距　防止配种时公鸡的爪和距刺伤母鸡背部的皮肤。采取自然交配的种鸡群，种公雏在 6～9 日龄时应进行断趾。

▲ 断趾方法。用断趾器或电烙铁烧灼趾尖和距尖的角质组织，不使其再长长。

▲ 断距方法。用电烙铁烧灼距尖的角质组织。

5. 日常管理

（1）垫料管理　地面平养，开始铺设 5 厘米厚垫料，3 周内保持垫料稍微潮湿（避免引起脱水），以后保持垫料干燥。加强靠近热源垫料的管理，因鸡常逗留于此，易污浊潮湿，要及时更换，可以减少霉菌感染。未发生传染病的情况下，潮湿的垫料在阳光下干燥暴晒（最好消毒）后可以重复利用。

（2）加强对弱雏的管理　随着日龄增加，雏鸡群内会出现体质瘦弱的个体。注意及时挑出雏鸡、弱鸡和病鸡，隔离饲养，精心管理。以期跟上整个鸡群的发育。随着体格增大，占用的空间也大，要注意扩大饲养范围，降低饲养密度，并满足对饲槽和水槽的需求。

（3）观察鸡群　注意观察健康雏鸡和不健康雏鸡的表现，具体见表4-6。

表4-6　健康雏鸡和不健康雏鸡的表现

项目	健康雏鸡	不健康雏鸡
采食情况	鸡群采食积极，食欲旺盛。触摸嗉囊饱满	不食或采食不积极
精神状态	活泼好动	呆立一边或离群独卧，低头垂翅
呼吸情况	无咳嗽、流鼻液、呼吸困难症状，晚上蹲在鸡舍内静听，舍内安静，听不到异常呼吸声音	有咳嗽、流鼻液、呼吸困难，有异常呼吸声音
粪便检查	不干不湿、黑色圆锥状、顶端有少量尿酸盐沉着	有异常粪便

【小知识】　鸡不食的原因有：一是突然更换饲料，如两种饲料的品质或饲料原料差异很大，突然更换，鸡没有适应引起不食或少食；二是饲料腐败变质，如酸败、霉变等；三是环境条件不适宜，如育雏期温度过低或过高、温度不稳定，育成期温度过高等；四是疾病，如鸡群发生较为严重的疾病。

（4）定期测定体重

1）称测体重。

◀ 方法：
◇ 第3~4周龄开始称测体重，直至25周龄。开产后每4周测定1次。
◇ 每周的同一天、同一时间称测。
◇ 编号记录体重。

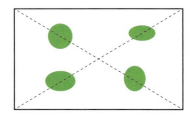

◀ 取样。平养时常采用对角线法，随机在对角线两点用折叠铁丝网将鸡包围起来（绿色圆圈内的鸡），所围的鸡数应接近计划抽样称重的鸡数；抽测鸡数不少于 1%，分栏饲养的每栏都称，最少称 50 只鸡；围起的鸡都要逐只称重。

◀ 称重工具。数显电子秤或磅秤或较大的天平。称重工具要精确，误差在 15 克之内。

2）计算平均体重。将称重鸡的体重相加，求得总重量，然后将总重量除以称重鸡数，即可得出平均体重。计算公式：

$$X(抽样平均体重)=\frac{\sum(抽样的重量总和)}{N(抽样个体数)}$$

3）计算体重均匀度。体重均匀度是指鸡群中每只鸡体重大小的均匀程度。它是鸡群生产性能和饲养管理技术水平的综合指标。土鸡各周龄均匀度标准见表4-7。

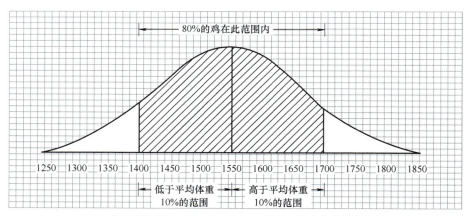

▲ 体重均匀度是指体重在鸡群平均体重±10%范围内的鸡占鸡群总数的百分比。

表 4-7　土鸡各周龄体重均匀度标准

周龄	体重均匀度（%）
4~6	≥85
7~11	≥83
12~15	≥80
≥20	≥75

▲ 均匀度至关重要。均匀度低不仅影响种蛋产量，而且造成脱肛、啄肛多，死淘率高。

◀ 制约均匀度的主要因素：
◇ 饲养密度（每平方米饲养鸡数）。
◇ 饲料粒度（挑食）。
◇ 料线长度及水平度。
◇ 水线长度及是否能顺畅饮水。
◇ 断喙质量。
◇ 应激因素（疾病、免疫）。
◇ 遗传背景。
◇ 管理（开食饮水、称重、分群和环境温度等）。

4）体重的调整。

① 体重超出标准，下周不增加喂料量，直至与标准相符再恢复应该给予的喂料量。

② 体重低于标准，下周增加喂料量，平均体重与标准相差多少克，增加多少克饲料，并在2~3周内喂完。

5）均匀度的调整。

① 科学管理。如正确断喙、保持鸡舍空气新鲜、适宜密度、减少应激及控制好疾病等。

② 保证采食均匀。确保采食位置充足、减少投料次数、快速投料及喂料后多次匀料等。

③ 分群管理。把鸡群内的鸡分为超标、达标和不达标三个群隔开饲养管理。超标的限制饲养；达标的正常饲养；不达标的提高营养水平，增加喂料量，使用抗生素、助消化剂和抗应激剂等，促进生长发育，尽快达标。

（5）公、母鸡分开饲养　公、母鸡分开饲养是指培育期（0~21周龄）内，公、母鸡同舍分栏饲养管理；产蛋期（22~65周龄）公、母鸡同栏饲养，分槽饲喂。

1）公、母鸡分开饲养的意义。生长期公、母鸡的分开饲养，可以更好地对公、母鸡实行分别限饲，从而获得生长发育均匀的鸡群，为鸡群的高生产性能打下基础；产蛋期公、母的分开饲养可以提高公、母鸡的种用价值和种蛋的孵化率。

2）公、母鸡分开饲养的优越性。

① 便于抽样称重。公、母鸡无论是各周龄的体重标准和饲料消耗量，还是生长发育速度均不相同。到20周龄时，公鸡的体重约大于母鸡体重的30%。因此，施行

分开饲养有利于抽样称重，分别控制体重。

② 便于限制饲养程序的实施。目前，许多土种鸡养殖场根据新的限饲技术，已将母鸡的限饲开始时间提前到了4~6周龄，公鸡的限饲开始时间则多为9~12周龄。因此，公、母分开饲养有利于限制饲养程序的实施。

③ 便于观察和选种。分开饲养能随时识别鉴别错误的公、母雏，得以及时淘汰"假公鸡"和"假母鸡"，确保良好的优势体系。

④ 有利于提高公鸡的种用价值。分开饲养能有效地控制种公鸡的体重，不使之过肥，而保持良好的繁殖性能。

⑤ 降低饲料成本。公、母鸡分开饲养后，公鸡可饲喂专用饲料。种鸡进入产蛋期后，母鸡的饲料蛋白质含量高达16.5%，钙含量高达3.2%，用这种饲料饲养公鸡不但容易发生严重的痛风症，使公鸡无法配种，而且也造成了蛋白质饲料的巨大浪费。

3）公、母种鸡分开饲养的方法。

① 育雏、育成阶段。公、母雏鸡从1日龄开始进行分栏或分舍饲养，但饲喂同样的雏鸡饲料和育成鸡饲料直至转舍时。

② 笼养种鸡产蛋阶段。饲养至18~20周龄，由育成鸡舍转入产蛋鸡舍时，同时将公、母鸡转入公鸡笼内或母鸡笼内。公鸡开始喂公鸡专用饲料；母鸡开始喂产蛋鸡饲料。

③ 平养种鸡产蛋阶段。饲养至18~20周龄，由育成鸡舍转入产蛋鸡舍时，先将公鸡提前4~5天转入，使其熟悉公鸡料桶、并占有环境优势，然后再转入母鸡。

④ 准备公鸡专用饲料桶。饲喂公鸡用公鸡专用饲料。饲料桶吊至距地面41~46厘米的高度，以防止母鸡采食。以后每周要按公鸡背部的高度随时调节饲料桶的高度，只要公鸡能立起脚，弯着脖子吃到饲料即可。

⑤ 准备母鸡专用饲料桶。饲喂产蛋鸡料用母鸡专用饲料桶。母鸡专用饲料桶的料盘上设有防止公鸡采食的栅，栅格的宽度有不同的规格，可根据不同鸡品种进行选择。但无论选用哪种规格，都必须能够有效地限制公鸡采食母鸡饲料。

6. 雏鸡死亡原因分析

（1）先天性发育不良

1）种鸡饲料中维生素不足，雏鸡虽能勉强出壳，但体质很弱，常在3日龄前死亡。

2）在孵化过程中温度和湿度控制不当，胚胎不能充分发育。这种雏鸡常表现为钉脐或大肚，很难养活，在育雏早期即死亡。

（2）扎堆压死

1）育雏室温度过低，或遇大风、降温天气室温骤降，雏鸡扎堆，层层压挤，时间稍长则会将低层雏鸡压死。这种情况在早春育雏过程中常有发生，鸡群越大损失越重。

2）接种疫苗抓鸡时，雏鸡受到惊吓，成堆挤在角落里，不注意会造成大批压死现象。

（3）抢水淹死　雏鸡出壳后如果经过长途运输，失水严重。雏鸡干渴，进入育雏室后，雏鸡会拥向水源抢水喝。靠近饮水器边缘的雏鸡，常会被挤进饮水盘爬不出来而被淹死。在间断供水的情况下，这种淹死雏鸡的现象也会时常发生。

（4）老鼠咬死　有老鼠出没的育雏舍，夜间或白天无人的时候，老鼠常乘雏鸡休息时将雏鸡咬死并拖入洞内。笼养雏鸡时，老鼠常在网下的托粪盘上乘雏鸡不备咬住雏鸡的爪往下拉，常把整条腿拉掉。

（5）互啄致死　雏鸡在3周龄以后，在密度大、光照强的情况下，常发生啄羽、啄肛等。这种啄癖如不及时解决，可蔓延至全群，互啄、围啄、追啄，被啄出血的雏鸡会很快被啄死。

（6）发病致死　雏鸡病比较多，发病后死亡率也比较高。3周龄以前主要是雏鸡白痢病；3~12周龄是传染性法氏囊病、球虫病的易感阶段；鸡新城疫不分鸡的年龄和品种都可发病；还有呼吸道疾病等，一旦发生，都有不同程度的死亡。

（7）中毒而死

1）防治鸡白痢病时用药量过大，或虽然用药量不大，但研磨不细，混合不匀，使雏鸡食入过量药物而发生中毒死亡。

2）用煤炉、火龙等供暖的育雏舍，因排烟管或火道衔接不良或密封不严而漏气，使育雏舍内一氧化碳积蓄而致雏鸡中毒死亡。

第二节　育成期的饲养管理

育成期的饲养管理直接影响到育成的新母鸡的质量，从而影响以后生产性能的发挥、饲料转化率、死亡淘汰率和经济效益。

一、育成鸡的生理特点

◀ 生长发育迅速，是骨骼、肌肉发育的重要时期；羽毛丰满，体温调节机能健全；消化系统逐渐完善，消化能力增强；免疫器官逐渐发育成熟，抵抗力增强；10周龄后性器官发育迅速。

二、育成鸡的培育目标

◀ 体重符合品种要求；群体均匀整齐，体重均匀度大于或等于80%；体质健壮；适时性成熟；抗体水平符合要求。

三、育成鸡的饲养方式

▲ 网上育成。

▲ 散放育成。

▲ 地面育成。

▲ 笼内育成。

四、育成鸡的饲养

【提示】　育成鸡的饲养重点是控制体重，防止因过肥而影响产蛋。

1. 饮水

育成鸡饮用水要清洁、充足。饮水器不漏水，不堵塞。每天注意消毒。

2. 喂料

（1）饲料更换

1）育成阶段需要更换 2~3 次饲料。

2）饲料更换要有 3~4 天的过渡期见表 4-8。

表 4-8　饲料更换程序表

饲料种类	第一天	第二天	第三天	第四天
育雏料比例	2/3	1/2	1/3	0
育成料比例	1/3	1/2	2/3	1

（2）饲喂次数　平养时，上午一次性将全天的饲料量投放于料桶或料槽内；笼养时，上午、下午分两次投料；放牧饲养时，每天傍晚入舍前适当补饲精料。

（3）喂料量　育成鸡每天的喂料量要根据鸡体重和发育情况而定，每周称重 1 次（抽样比例为 10%），计算平均体重，与标准体重对比，确定下周的饲喂量，如岭南黄鸡父母代母鸡推荐喂料量及体重标准见表 4-9。

表 4-9　岭南黄鸡父母代母鸡推荐喂料量及体重标准

周龄	推荐喂料量/［克/（100 只·天）］	体重/（克/只）
6	4700	600
7	4900	700
8	5500	800
9	6000	900
10	6800	1000
11	7500	1100
12	8300	1200
13	8800	1300
14	9200	1400
15	9500	1500
16	9800	1600
17	10700	1700
18	11500	1800
19	12000	1850
20	12500	1900
21	13000	1950
22	13200	2000

五、育成鸡的管理

1. 日常管理

（1）脱温

1）注意脱温的时间。要根据外界环境温度来确定脱温时间。如冬季育雏时脱温时间可能推迟到 8~9 周龄，甚至是 10 周龄。

2）注意应逐渐脱温。

3）注意育成鸡的防寒。特别是在寒冷季节，一定准备好脱温后的防寒设备，了解天气变化，做好防寒准备，避免突然的寒冷引起育成鸡死亡。

（2）转群　育成阶段进行多次转群，转群过程中尽量减少应激。

（3）饲养管理程序稳定　严格执行饲养管理操作规程，保证人员稳定、饲养程序和管理程序稳定。

（4）卫生管理　每天清理清扫舍内的污物，保持舍内环境卫生；定时清粪；鸡舍每周消毒 2~3 次，周围环境每周消毒 1 次。

2. 维持适宜环境

1）适宜温度为 15~21℃，相对湿度为 55%~60%，注意防暑和防寒。

2）适量通风，保持舍内空气新鲜，避免呼吸道疾病的发生。

3）注意舍内卫生，每周带鸡消毒 1~2 次。

4）保持适宜的饲养密度　无论平养还是笼养，要使鸡群生长发育均匀，必须有适宜的饲养密度。不同品种、不同的饲养方式，要求的饲养密度不同。

3. 光照管理

（1）光照的作用　光照对采食量、身体组织比例、体重、性成熟、死亡都有影响。

（2）光照的原则　育成期特别是育成中后期（7 周龄至开产）的光照时间不可以延长，光照强度不可以增加；产蛋期光照时间绝对不能缩短。

（3）光照的时间

◀ 每年 4 月 15 日~8 月 25 日期间出壳的雏鸡，育成中后期正处自然光照逐渐缩短的时期，基本符合光照的原则，可以完全利用自然光照。而每年 8 月 26 日~第 2 年 4 月 14 日出壳的雏鸡，育成中后期处于自然光照逐渐延长的时期，这时要结合人工补充光照（每天定时开、关灯）使每天光照保持在 13~14 小时，或者使光照时间逐渐缩短。

（4）光照强度

光照强度

周龄	光照强度	
	勒克斯	瓦/米³
0~1	20	4
2~4	10	3
5~17	6	2
>17	10	3.2

同一灯泡得到的光照强度

灯泡情况	相当于的（瓦）
清洁灯泡、清洁灯罩	60
清洁灯泡、无灯罩	40
脏灯泡、脏灯罩	40
脏灯泡、无灯罩	25

◆灯泡应每两周擦净一次。
◆有必要时要擦得较勤。

4. 体形和均匀度的控制

体形好、发育均匀整齐的鸡群，产蛋量多，种用价值大。定期称测体重和胫骨长度，计算平均体重和平均胫长，根据平均体重调整喂料量。同时，要计算均匀度，了解鸡群发育的均匀情况，并进行必要调整，使育成的新母鸡群体均匀整齐。均匀度指群体内体重在平均体重上下 10% 范围内的个体所占的比例。为了获得较高的均匀度，生产中要做好以下几方面工作。

（1）**保持合理的饲养密度**　育成期土鸡要及时调整饲养密度，饲养密度过大是造成个体间大小差异的主要原因。育成期的饲养密度见表 4-10。

表 4-10　育成期的饲养密度

周龄	垫料地面平养/（只/米²）	网上平养/（只/米²）	笼养/（厘米²/只）
8～12	8～10	10～11	320～370
13～20	7～8	8～9	430～480

（2）**保证均匀采食**　饲料是土鸡生长发育的基础，只有保证土鸡均匀的采食到饲料，获得必需的营养，才能保证鸡群的均匀整齐。在育成阶段一般都是采用限制饲喂的方法，这就要求有足够的采食位置（每只土鸡占有 8～10 厘米长的槽位），而且投料时速度要快。这样才能使全群同时吃到饲料，平养时更应如此。

（3）**减少应激**　应激影响机体的发育、抵抗力和均匀度。保证环境安静和工作程序稳定，防止断料断水，避免疾病发生等，减少应激因素，避免应激发生。

（4）**搞好分群管理**

1）注意公母分群。公、母土鸡的生长发育规律不同，采食量不同，生活力也不同。如果公、母混养，会影响母鸡的生长发育，不利于均匀度的控制。公母分群应尽早进行，一般在育雏结束后利用转群将公、母鸡分开。如果在出壳时经翻肛鉴别，公、母育雏期就分开饲养，效果更好。

2）注意大小、强弱分群。根据土鸡的大小、强弱等差异分开饲养，避免大的过大，小的过小，强的过强，弱的过弱。一般是将大群鸡分成不同类型的小群，在饲喂中采取不同的方法，以使全部鸡都能均匀生长。

【注意】　结合定期称重进行分群。体重过大的鸡群限制饲喂和饮水、降低饲养密度；体重符合标准（也是大群鸡）正常饲养、保证饮水；体重过小、过弱的鸡群增加喂料量，必要时提高日粮的营养水平，充足饮水。保证饲槽长度和适宜的饲养密度，添加多种维生素减少应激，适当使用抗生素防治疾病，使体重尽快赶上标准，体质尽快变强。

5. 补充断喙

在 7～12 周龄对第一次断喙效果不佳的个体进行补充断喙。操作时要注意断喙长度合适，避免引起出血。

6. 疾病预防

要做好育成鸡舍的卫生和消毒工作，如及时清粪、清洗消毒料槽（盘）和饮水器、带鸡消毒等。还要注意环境安静，避免惊群。同时，要做好疫苗接种和驱虫。育成期进行免疫接种的传染病主要有新城疫、鸡痘、传染性支气管炎等（具体时间和方法见鸡病防治部分）。驱虫是驱除体内线虫、绦虫等，驱虫要定期进行，最后在转入产蛋鸡舍前还要驱虫1次。驱虫药有左旋咪唑、阿苯达唑等。

7. 育成期土鸡的选择

土鸡的选种关系到种鸡群的种用价值、合格种蛋数量、商品土鸡质量及生产饲料成本，必须高度重视，育成期土鸡选择的时间和内容见表4-11。

表4-11　育成期土鸡选择的时间和内容

周龄	内容
6~7	淘汰畸形（包括喙部交叉、单眼、跛脚、体形不正等）、发育不良（羽毛生长不良，眼、冠、皮肤苍白，特别消瘦等）和病鸡
12~13	公鸡的选择。要加大公鸡选择力度，选择发育良好、冠大鲜红、体重大的个体，特别注意体重
18	母鸡的选择。逐只检查母鸡的发育状况，淘汰发育不良的个体

六、做好开产前的准备工作

土鸡生长到25周龄左右时陆续开始产蛋，应提前做好产蛋前的各项准备工作。

1. 整顿鸡群

我怎么比它们小那么多!

◀ 在转群前20天左右应将羽毛松散无光、鸡冠小而苍白，喙角和腿部光泽浅淡，体重明显较小的种鸡全部挑出加强饲养。降低饲养密度，供给充足的饮水，并适当增加喂料量，使其体重尽快达到标准体重，适时开产。

2. 转群

育成结束转入产蛋鸡舍，转群在20~22周龄进行。

（1）鸡舍的整理和消毒

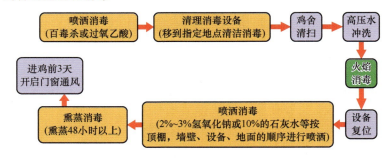

喷洒消毒（百毒杀或过氧乙酸）→ 清理消毒设备（移到指定地点清洁消毒）→ 鸡舍清扫 → 高压水冲洗 → 火焰消毒 → 设备复位 → 喷洒消毒（2%~3%氢氧化钠或10%的石灰水等按顶棚、墙壁、设备、地面的顺序进行喷洒）→ 熏蒸消毒（熏蒸48小时以上）→ 进鸡前3天开启门窗通风

（2）**平养舍产蛋箱和栖架的准备**　种鸡平养时，转群前（即 19~20 周龄）应先在种鸡舍内安装好产蛋箱和栖架。

◀ 产蛋箱以木板或塑料板做成，规格为长 35 厘米、宽 25 厘米、高 35 厘米，可安装成单层或双层箱，内铺垫草，可供 4 只母鸡使用。采用地面平养时，产蛋箱应高出地面 50 厘米；网栅平养时，产蛋箱置于网栅上面。产蛋箱最好放置于靠墙光照较弱的地方。母鸡有认巢的习惯，因此产蛋箱的设置一定要在开产前完成。

▲ 地面平养鸡舍，舍内要设置栖架，供土鸡晚上休息需要。

（3）**转群时间安排**　为了减少对鸡群的惊扰，转群应在光线较暗的时候进行。天亮前，天空具有微光，这时转群，土鸡较安静，且便于操作。夜里转群，舍内应有小功率灯泡照明，抓鸡时能看清抓的部位。

（4）**适时转群产蛋舍**　在 20 周龄前完成，转群前后 2~3 天，在饲料或饮水中添加多种维生素和抗生素。转群最好在晚上进行，减少应激。

▲ 转群前在料槽和水槽中放上饲料和水（左图），开启照明系统，保持舍内明亮（右图）。确保土鸡入舍后可以立即吃到饲料和饮到水，以缓解转群应激。

我的个子较小，需要特殊照顾！

◀ 笼养时，将较雏的鸡装在温度较高、阳光充足的南侧中层笼内，适当提高日粮营养水或增加饲喂量，促进其生长发育。

【注意】　转群时必须注意：一是抓鸡时应抓鸡的双腿，不要只抓单腿或鸡脖。每次抓鸡不宜过多。每只手抓1~2只。动作要轻，防止抓伤或挂伤鸡皮肤。装笼运输时，不能过分拥挤，以减少鸡伤残；二是将发育迟缓的鸡放置在环境条件较好的位置，加强饲养管理，促进其发育；三是将部分发育不良、畸形个体淘汰，降低饲养成本；四是转群前在料槽中加入饲料，饮水器中注入水，并在前后两天的饲料或饮水中加入有镇静作用的药剂，可使鸡群安静。

3. 免疫接种

开产前要进行最后一次免疫接种，这次免疫接种对预防产蛋期疫病发生有重大作用。要按免疫程序进行，疫苗来源可靠，保存良好，接种途径适当，接种量准确，接种确切，接种后最好检测抗体水平，检查接种效果，保证鸡体有足够抗体水平来防御疫病发生。

4. 驱虫

开产前做好驱虫工作。120~140日龄，每千克体重左旋咪唑20~40毫克或哌嗪（驱蛔灵）200~300毫克拌料，每天1次，连用2天驱蛔虫；球虫污染严重时，连用抗球虫药5~7天。

七、记录和分析

记录的内容与育雏期相同，根据记录情况每天填写育雏育成鸡周报表。每周对育成鸡的体重和采食情况进行分析。育成结束计算育成期成活率和育成成本。

育雏育成鸡周报表

周龄 __1__　批次_____　品种_____　数量_____　鸡舍栋号_____　填表人：_____

日期	日龄	鸡数	死淘数	喂料量	温度	湿度	通风	光照	其他
	1								
	2								
	3								
	4								
	5								
	6								
	7								

标准体重_____　　平均体重_____　　体重均匀度_____

第三节　种鸡产蛋期的饲养管理

一、土种鸡产蛋规律

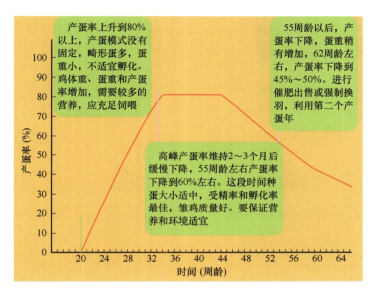

产蛋率上升到80%以上，产蛋模式没有固定，畸形蛋多，蛋重小，不适宜孵化。鸡体重、蛋重和产蛋率增加，需要较多的营养，应充足饲喂

55周龄以后，产蛋率下降，蛋重稍有增加，62周龄左右，产蛋率下降到45%～50%。进行催肥出售或强制换羽，利用第二个产蛋年

高峰产蛋率维持2～3个月后缓慢下降，55周龄左右产蛋率下降到60%左右。这段时间种蛋大小适中，受精率和孵化率最佳，雏鸡质量好。要保证营养和环境适宜

▲ 产蛋曲线图。刚开产时，产蛋模式没有形成，出现产蛋间隔时间长（某只鸡产蛋后几天不见产蛋）、一天产两个蛋（一个正常蛋，一个异状蛋）、产双黄蛋比例高及软壳蛋多等异常情况。

二、土种鸡产蛋期的饲养方式

1. 平面饲养

◀ 网上地面结合舍内平养。舍内一部分为网面，一部分为地面。舍内设置产蛋箱，每平方米饲养6～8只种用母鸡。

◀ 地面饲养的舍外运动场。运动场面积是舍内面积的1～1.5倍。公、母鸡混群饲养，自然交配，配比为1：（10～15），舍内养密度为5只/米²。运动场设沙浴池，放置食槽、饮水器，四周设围网。舍内设置产蛋箱和栖架。

2. 立体笼养

◀ 立体笼养。采用专用的种鸡笼或蛋鸡笼均可。种母鸡三层或两层均可（每个笼格 3~4 只鸡），种公鸡两层笼养（每个笼格 1 只鸡）。笼养时种蛋收集方便，不易破损和受到粪便、垫料污染，饲养密度高，能及时淘汰病鸡和低产鸡。但对饲养条件要求较高。

三、土种鸡产蛋期的饲养

1. 饲料更换

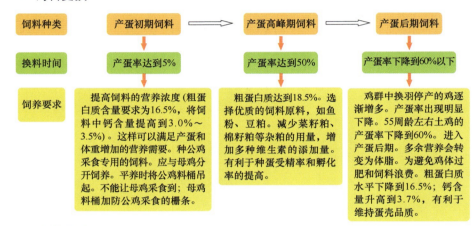

饲料种类	产蛋初期饲料	→	产蛋高峰期饲料	→	产蛋后期饲料
换料时间	产蛋率达到5%		产蛋率达到50%		产蛋率下降到60%以下
饲养要求	提高饲料的营养浓度（粗蛋白质含量要求为16.5%，将饲料中钙含量提高到3.0%～3.5%）。这样可以满足产蛋和体重增加的营养需要。种公鸡采食专用的饲料。应与母鸡分开喂料。平养时将公鸡料桶吊起。不能让母鸡采食到；母鸡料桶加防公鸡采食的栅条。		粗蛋白质达到18.5%。选择优质的饲料原料，如鱼粉、豆粕。减少菜籽粕、棉籽粕等杂粕的用量，增加多种维生素的添加量。有利于种蛋受精率和孵化率的提高。		鸡群中换羽停产的鸡逐渐增多。产蛋率出现明显下降。55周龄左右土鸡的产蛋率下降到60%。进入产蛋后期。多余营养会转变为体脂。为避免鸡体过肥和饲料浪费。粗蛋白质水平下降到16.5%；钙含量升高到3.7%，有利于维持蛋壳品质。

2. 合理饲喂

（1）饲料形态　有颗粒料、粉状料和碎粒料。种用土鸡常用粉状料。

（2）饲喂次数　土种鸡可饲喂粉状料，每天 2~4 次，饲槽数量充足，添加饲料要均匀，每天要净槽，笼养鸡喂料 1~2 小时后还要匀料，保证鸡吃饱而不浪费饲料。

（3）确定喂料量　以岭南黄种鸡产蛋率及日喂料量标准为例，见表 4-12。

表 4-12　岭南黄种鸡产蛋率及日喂料量标准

周龄	产蛋率（%）	喂料量/（克/天）	体重/克	周龄	产蛋率（%）	喂料量/（克/天）	体重/克
24	5	135	2200	30	81	140	2350
25	13	135	2260	31	79	140	2360
26	40	135	2300	32	79	140	2370
27	60	135	2320	33	79	140	2380
28	73	135	2330	34	76	140	2395
29	74	140	2340	35	74	140	2430

（续）

周龄	产蛋率（%）	喂料量/（克/天）	体重/克	周龄	产蛋率（%）	喂料量/（克/天）	体重/克
36	72	140	2460	52	57	135	2610
37	70	140	2500	53	57	135	2620
38	68	140	2505	54	55	135	2630
39	67	140	2510	55	55	135	2640
40	66	135	2515	56	54	135	2650
41	64	135	2520	57	54	135	2660
42	63	135	2525	58	54	135	2670
43	62	135	2530	59	53	140	2680
44	61	135	2535	60	53	140	2690
45	60	135	2540	61	53	1410	2700
46	60	130	2550	62	52	140	2710
47	59	130	2560	63	50	140	2720
48	59	130	2570	64	49	140	2730
49	58	130	2580	65	48	140	2740
50	58	130	2590	66	47	140	2750
51	58	135	2600				

注：摘录于《岭南黄鸡父母代饲养管理手册》。

（4）探索性增料和减料技术 适时增料和减料，可以做到既不浪费饲料，又确保种鸡体重适宜和高产。

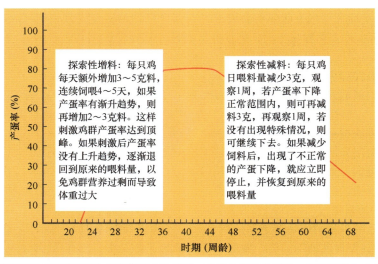

探索性增料：每只鸡每天额外增加3～5克料，连续饲喂4～5天，如果产蛋率有渐升趋势，则再增加2～3克料。这样刺激鸡群产蛋率达到顶峰。如果刺激后产蛋率没有上升趋势，逐渐退回到原来的喂料量，以免鸡群营养过剩而导致体重过大

探索性减料：每只鸡日喂料量减少3克，观察1周，若产蛋率下降正常范围内，则可再减料3克，再观察1周，若没有出现特殊情况，则可继续下去。如果减少饲料后，出现了不正常的产蛋下降，就应立即停止，并恢复到原来的喂料量

▲ 开产种鸡产蛋率不能达到预期的上升幅度，或者几天内产蛋率一直停留在一个水平上，而料桶内每天很干净，可采用探索性减料技术；土种鸡已过产蛋高峰期2～3周，产蛋率下降5%～10%时，可试用探索性减料技术。有时，还可取得减料促产蛋的刺激作用，有这种好的先兆时，减料要暂时停止。

3. 饮水

水既是各种营养物质和代谢废物的溶剂和运输的载体，又参与体温的调节。产蛋期必须每天 24 小时供给充足的清洁饮水。

但对于地面平养的鸡群，为了控制垫料湿度，降低氨气产成，减少种鸡脚部、腿部疾病，改善饲养环境，获得更为清洁的种蛋，可采取限制饮水措施。限制饮水宜在下午和晚上进行，一般是下午至关灯前供水 3 次，每次 30 分钟，最后一次应安排在关灯前。应注意的是在炎热天气（舍温达 32℃ 以上）时，不得限制饮水，而应全天供给清凉饮水。

【提示】　夏天不能断水，供水的水温越低越好，可以饮用刚取的深井水，甚至加冰的水。

四、土种鸡产蛋期的管理

1. 光照控制

1）种用土鸡在 19 周龄体重达到标准时，每周增加光照 30 分钟，一直增加到每天稳定光照 16 小时，并维持至淘汰。转群时如果鸡群的体重偏轻、发育较差，要推迟增加光照刺激的时间，加强饲喂，让鸡自由采食。体重达到标准后，再增加光照刺激。产蛋后期，可以将光照增加到 16.5 小时，以最大限度地刺激产蛋。

2）每天可以 5:00 开灯，到日出后关灯，天快暗下来的时候开灯，到 21:00 关灯，使每天的自然光照加人工光照时间合计为 16 小时。使用了人工光照以后，每天开灯和关灯的时间要固定下来，尽量使光照时间保持稳定，否则会使母鸡产蛋减少。

2. 监测体重

种鸡开产后体重的变化要符合要求，否则全期的产蛋会受到影响。在产蛋率达到 5% 以后，至少每 2 周称重 1 次，体重过重或过轻都要设法弥补。产蛋后期应注意防止鸡体过肥。

3. 保持适宜环境

1）种鸡最适宜的产蛋温度为 13~18.3℃，低于 9℃ 或高于 29℃，会引起产蛋率的明显下降，而且种公鸡的精液品质也会受到影响，致使受精率和孵化率下降。

2）鸡舍的相对湿度控制在 65% 左右，防止舍内潮湿。

3）产蛋期光照强度为 10~15 勒克斯，保持光照时间和强度稳定。

4）种鸡饲养密度不能过大，地面平养时为 5~6 只/米^2。

5）注意适量通风，经常清理粪便和污物，保持空气新鲜，防止有害气体超标。

4. 种蛋的采集

1）种蛋的采集时间。产蛋率达到 50% 时（或在 26 周龄时），种蛋就可进行孵化利用。笼养时，要提前训练公鸡，做好人工授精的准备工作，在 25 周开始人工授精，人工授精 2 次后可收集种蛋进行孵化。

2）种蛋的采集次数。每天要拣蛋 3~4 次，收集的种蛋及时消毒 [可在种鸡舍内设置 1 个消毒柜，每次收集后将种蛋放在消毒柜内，每立方米用 15 毫升福尔马林

（40%甲醛溶液）、7.5克高锰酸钾，密闭熏蒸15分钟〕。

5. 保证蛋壳质量

钙含量高的饲料适口性较差，特别是在夏季更易影响鸡的采食量。在一天中，母鸡采食和利用钙质的时间不是均衡的，而是主要集中在下午。因此，除在饲料中配给适量的钙外，平养鸡群可在鸡舍或运动场上设置补钙盆，将碎而细的石灰石粒或贝壳粒放入钙盆内，让母鸡自由采食；笼养种鸡则应每4~5小时喂给贝壳粒1次。每只母鸡按5.0克计算，于下午采食结束后料槽内无料时加入，让母鸡自由采食，母鸡可自己调节钙的进食量。

维生素 D_3 具有促进肠道吸收钙的作用，缺乏维生素 D_3 可造成与缺钙同样的后果，使鸡产薄壳蛋。因此，对产蛋母鸡要注意补充维生素 D_3，以保证母鸡对维生素 D_3 的正常需要。

【提示】 养殖实践中，我们通过个体产蛋记录发现，鸡群中大约有1%左右的母鸡，可能因遗传因素或输卵管炎等原因，常常连续产下薄壳蛋，而很少产下合格种蛋。饲养这样的种鸡是不会给鸡场带来经济效益的，因此对这样的母鸡应及时挑出并淘汰。

6. 适当淘汰

产蛋后期根据鸡群产蛋情况应该适当淘汰低产鸡。根据外貌特征，鉴别高产鸡与低产鸡（表4-13）。笼养淘汰后，剩余的鸡不要并笼饲养，以免发生啄斗。

表4-13　高产鸡和低产鸡的区别

项目	高产鸡	低产鸡
精神状态	反应灵敏，两眼有神	反应迟钝，两眼无神
鸡冠	鸡冠红润	萎缩、苍白
羽毛	丰满、紧凑，换羽晚	松弛，换羽早
腹部	柔软有弹性、容积大	腹部弹性小、容积小
肛门	松弛、湿润、易翻开	肛门收缩紧、干燥、不易翻开
间距	耻骨间距3指以上，胸骨末端与耻骨间距4指以上	耻骨间距3指以下，胸骨末端与耻骨间距3指以下

7. 减少应激

进入产蛋高峰期的土鸡，一旦受到外界的不良刺激（如异常的响动、饲养人员的更换、饲料的突然改变、断水断料、停电、疫苗接种），就会出现惊群，发生应激反应。后果是采食量下降，产蛋率、受精率、孵化率同时下降。在日常管理中，工作程序要固定，各种操作动作要轻，产蛋高峰期要尽量减少进出鸡舍的次数。开产前要做好疫苗接种和驱虫工作，产蛋高峰期不能进行这些工作。

8. 加强观察

（1）观察精神状态　在清晨鸡舍开灯后，观察鸡的精神状态，应及时挑出异常的鸡并严格隔离，如有死鸡，应送给有关技术人员剖检，以及时发现和控制病情。

◀ 健康的母鸡站立时是挺拔的（左图），若蜷缩俯卧（右图），则其体况不佳。

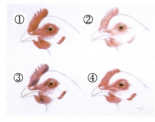

◀ 冠的变化：
① 红冠。冠颜色鲜红，温暖湿润，鸡体健康。
② 冠色苍白。肠道机能失调或内脏出血。
③ 冠蓝。大肠杆菌感染或有病毒性疾病。
④ 冠萎缩。停产鸡或内脏有肿瘤、凝固的卵黄等。

▲ 病鸡蜷缩、闭眼、羽毛蓬松。

▲ 病鸡蜷缩在鸡笼底部，鸡冠苍白。

▲ 病鸡将自己藏起来。

　　（2）观察鸡群采食和粪便　鸡体健康、产蛋正常的成年鸡群，每天的采食量和粪便颜色比较恒定，如果发现剩料过多、鸡群采食量不够、粪便异常等情况，应及时报告技术人员，查出问题发生的原因，并采取相应措施解决。

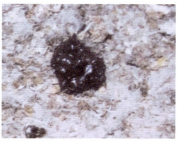

▲ 左图：正常的小肠粪。比较干燥，上面覆盖有白色尿酸盐；右图：正常的盲肠粪。比较有光泽，呈糊状、深绿色或深褐色。粪便不正常：呈白色乳样、绿色、黄色、橘红色或血便，以及粪便不够结实、太稀、起泡、含有饲料成分或饲料颜色（消化不良）。

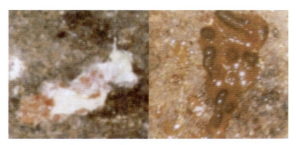

▲ 左图：小肠的异常粪便；右图：盲肠的异常粪便

◀ 粪便中的鲜血来源于肠道，鸡粪带血说明鸡群盲肠感染了急性球虫病。

（3）**观察呼吸道状态**　夜间熄灯后，要细心听鸡群的呼吸，如有打呼噜、咳嗽、喷嚏及尖叫声，白天仔细观察呼吸表现和呼吸道情况，如有呼吸困难、喘气等，多为呼吸道疾病或其他传染病，应及时挑出隔离观察，防止扩大传染。

（4）**观察鸡舍温度的变化**　在早春及晚秋季节，气温变化较快且变化幅度大，昼夜温差大，对鸡群的产蛋影响也较大，因而应经常收听天气预报，并观察舍温变化，防止鸡群受到低温寒流或高温热浪的侵袭。

（5）**观察有无啄癖鸡**　产蛋鸡的啄癖比较多，而且常见，主要有啄肛、啄羽、啄蛋、啄趾等，要经常观察鸡群，发现啄癖鸡，尤其是啄肛鸡，应及时挑出，分析发生啄癖的原因，及时采取防治措施。

▲ 鸡群中其他鸡对死鸡很感兴趣，这容易诱发鸡的啄癖，应立即清理死鸡。

▲ 鸡群中会发生啄肛。开始比较轻微，但严重可致鸡损伤和死亡。

（6）**观察鸡的产蛋情况**　加强对鸡群产蛋量、蛋壳质量、蛋的形状及内部质量等方面的观察，可以掌握鸡群的健康状态和生产情况。鸡群的健康和饲养管理出现问题，都会在产蛋方面有所表现。如营养和饮水供给不足、环境条件骤然变化、发生疾病等都能引起产蛋下降和蛋的质量降低。

9. 加强卫生管理

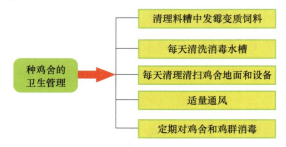

10. 抱窝鸡治疗

◀ 土鸡具有较强的就巢性，并在春末夏初的温暖季节表现得更为突出，即出现抱窝鸡。抱窝鸡的出现，常导致鸡群产蛋率下降，给鸡场造成不应有的经济损失。在产蛋期管理上应经常挑出不产蛋的抱窝鸡，进行单独饲养和醒抱处理，促使它们重新产蛋。

（1）药物醒抱　应用 CHPCL（5-羟色胺受体阻断剂），每只抱窝鸡每天喂服 25 毫克，连服 6~7 天即可终止抱窝，9 天左右即可重新产蛋。或给抱窝鸡喂服阿司匹林（ABC）药片，每天 2 次，每次 0.25 克，连服 2 天，即可很快使母鸡醒抱，重新产蛋。

（2）单独饲养醒抱　发现抱窝鸡，应将其挑出另行饲养，适当增加日喂料量，并补加复合维生素，以恢复种鸡产蛋体况，恢复后应立即把鸡放回原鸡群。此种方法省事、省钱，但效果较差，且费时较多。

11. 做好记录工作

要管理好土鸡群，就必须做好鸡群的生产记录，因为生产记录反映了鸡群的实际生产动态和日常活动的各种情况，通过查看记录，可及时了解生产，正确地指导生产。为了便于记录和总结，可以使用周报表形式将生产情况直接填入表内。

土鸡群生产情况周报表

鸡种_____　　入舍数_____　　舍号_____　　周龄__21__　　饲养员_____

日期	日龄	存栏数/只	死淘数/只	产蛋数/个	合格种蛋数/个	产蛋率（%）	耗料/克	其他
	141							
	142							
	143							
	144							
	145							
	146							
	147							

本周产蛋总数_____　　入舍产蛋率_____　　饲养日产蛋率_____

本周总蛋重_____　　平均蛋重_____　　每只鸡产蛋重_____

本周总耗料_____　　每只鸡耗料_____　　料蛋比_____

五、种用土鸡的四季管理

生产中要根据各个季节的特点，合理安排饲喂，加强饲养管理。

1. 春季管理

随着气温的升高，光照时间逐渐延长，外界食物来源增加，土鸡的新陈代谢旺盛。春季是土鸡产蛋的旺季，是理想的繁殖季节。在繁殖前，做好疫苗接种和驱虫工作，保证优质饲料的供应，满足土鸡对青绿饲料的需求，提高合格种蛋的数量。淘汰就巢性强的种鸡，一般要采取一些简单的醒抱措施，如把鸡置于笼中，或增加光照和营养。做好种蛋的收集和记录工作。

2. 夏季管理

天气候炎热时，土鸡食欲下降。夏季的工作重点是防暑降温，维持土鸡的食欲和产蛋。在运动场设置凉棚，鸡舍四周植树，喷水降温。增加精料喂量，满足产蛋需求；利用早晚气温较低的时段，增加喂料量。每天早上天一亮就放鸡，延长傍晚采食时间，保证清洁饮水和优质青绿饲料供应。消灭蚊虫、苍蝇，减少传染病的发生。

3. 秋季管理

秋季是老鸡停产换羽、新鸡开产的季节，管理的好坏对以后的产蛋性能影响较大。对于老鸡来说，要使其快速度过换羽期，早日进入下一个产蛋期，应该迅速减少光照和营养，进行强制换羽，然后再逐渐延长光照时间，增加营养，促使其产蛋。对于当年育成的新母鸡，秋季开始产蛋，根据外貌和生产性能进行选留。秋季天气多变，一些地区多雨、潮湿、寒冷，鸡群易发生传染病，要注意舍内垫料的卫生和干燥。

4. 冬季管理

冬季天气寒冷，青绿饲料短缺，日照时间较短，散养土鸡的产蛋量会降低。因此，冬季饲养土鸡的重点是防寒保暖、保证光照和营养，尽量提高产蛋率。进入冬季要封闭迎风面的窗户，在背风面设置门窗。晚上土鸡入舍后关闭门窗，加上棉窗帘和门帘。在寒冷的东北、西北和华北北部地区，舍内要有加温设施。炉灶应设在舍外，可有效防止一氧化碳中毒。早上打开鸡舍时，要先开窗户后开门，让鸡有一个适应寒冷的过程，然后在运动场喂食。冬季青绿饲料缺乏，可以贮存胡萝卜、大白菜等来满足土鸡的需求。冬季喂热食和饮温水有利于提高产蛋率。

六、种公鸡的饲养管理

种公鸡饲养的好坏，直接关系到种蛋的受精率。种蛋受精率的高低又与种鸡的经济效益紧密相连。因此，土种鸡养殖场对种公鸡的饲养管理都会给予极大重视。

1. 种公鸡的选择与选留比例

种公鸡的体质是否健壮，决定着公鸡的配种能力和受精率。因此，对种公鸡要进行精心饲养和严格选择。

◀ 第一次选择在 8~9 周龄，第二次选择在 20 周龄（或转入种鸡舍时），选择标准是健康无病，活力充沛，腿、脚、趾挺直，背宽、胸阔，且符合品种体征要求的公鸡；在公、母鸡比例上，平养自然交配的鸡群，育雏阶段以 1：6，育成阶段以 1：（8~10）为宜。笼养人工授精，育雏、育成阶段以 1：20 为宜，上笼时则用 1：（30~50）的比例。

2. 种公鸡的饲养管理技术

土种公鸡的育雏、育成阶段与母鸡分栏饲养，喂同样的育雏、育成饲料。转群后，采取平面饲养方式的鸡群可采用同栏饲养、分槽饲喂；笼养鸡群则采用单笼饲养、单独饲喂。但不管何种饲养方式，均应饲喂公鸡专用料。为了保证鸡群中有适宜的公、母鸡比例，如有公鸡淘汰，则应随时补入新的公鸡。补入公鸡时，宜在天黑前 1 小时放入。

【提示】种公鸡体重控制是提高种用价值的保证。公鸡体重过大，脚趾容易变形或发生脚趾瘤而影响配种。公鸡体重过小，则不能适时达到性成熟，性成熟后产生的精液不但数量少，且质量差，种用价值不高。因此，必须严格控制公鸡的体重。种公鸡在育雏、育成阶段应采取与母鸡相同的饲养管理方法，并坚持抽样称重，以保证其具有较高的均匀度。产蛋期对公鸡除严格按照喂料量饲喂外，平养鸡群还应注意防止公鸡偷吃母鸡饲料造成过肥，失去种用价值。为有效控制公鸡的体重，产蛋期应每 4 周抽样称重 1 次，并根据体重情况适时调整种公鸡的喂料量，使实际体重一直保持在标准体重水平。如果每次抽样称重的结果都是公鸡体重比母鸡大 30% 左右，也能表明公鸡的体重没有过大、过肥，而属于正常状态。

第四节　种用土鸡的繁殖管理

一、种鸡的配种

1. 自然交配

种鸡自然交配方式详见表 4-14。

表 4-14　种鸡自然交配方式

方式	大群交配	小群交配
方法	公母鸡按照 1：（10~12）的比例组成 100 只以上群体，使每只公鸡和母鸡间的交配次数均等	一个配种小间以 8~12 只母鸡配 1 只公鸡，安装自闭式产蛋箱，种鸡和种蛋均编号
适用	适用于繁殖扩群和商品土鸡苗的制种	适用于育种场
特点	受精率高、孵化率高，需要公鸡的数量少；但不能确切知道雏鸡的父母	能确切知道雏鸡的父母；但受精率低、管理不便

2. 人工授精

人工授精就是人工采集公鸡精液，然后输入母鸡的子宫内，使卵子受精。人工授精技术适用于笼养种鸡，公、母鸡分笼饲养。其优越性：①可以降低饲养成本。自然交配条件下公、母鸡比例为1∶（8~12），而人工授精可以提高到1∶（20~40），种公鸡的饲养数量减少近1/3；②可以充分利用优质种公鸡，及时淘汰不良种公鸡，提高种蛋和雏鸡质量。

（1）种公鸡的采精技术

1）采精前的准备。

● 剪去泄殖腔周围的羽毛，避免污染。

● 训练公鸡，定人、定时，背部按摩每天1次或隔天1次，连续进行3~4次。

● 每次使用后用清洁水洗净采精用具，再用蒸馏水冲洗2~3次，晾干后放入干燥箱，干燥处理备用。

2）采精操作。

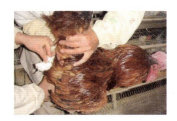

◀ 按摩法（双人采精）。轻轻将公鸡置于笼上，背部按摩后，公鸡产生快感，尾部向上翘起，肛门也向外翻出时，可见到勃起的生殖器，排精。一人保定，一人用集精杯盛接精液。

▶ 按摩法（单人采精）。采精者坐在凳上，两腿并拢，将公鸡的两腿夹住，左手按摩背部，公鸡产生快感，尾部向上翘起，肛门也向外翻出时，可见到勃起的生殖器，排精。右手用集精杯盛接精液。

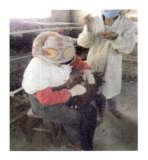

（2）种母鸡的输精技术　适时而准确地把一定量的精液输到母鸡生殖道的一定深度，是保证得到高授精率种蛋的关键。

1）输精操作。

◀ 输精时一般由两人操作，助手用右手握住母鸡的腿，左手掌置于母鸡背部，大拇指在腹部左侧柔软处施以一定压力，泄殖腔内的输卵管口便会翻出。输精员可将输精器轻轻插入输卵管口1~2厘米进行输精，当输精器插入时，助手应立刻解除对母鸡腹部的压力，输精员方可将精液全部输入而不外溢。

2）注意事项。

① 在 15：00 以后进行人工授精。每只母鸡的输精量（原精液）以 0.025～0.03 毫升/次为宜，每 5 天输精 1 次。

② 给母鸡腹部施加压力时，一定要着力于腹部左侧，才能使输卵管口顺利翻出，否则可引起母鸡排粪。

③ 无论使用哪种输精器，均需对准输卵管口中央轻轻插入，切忌粗暴，以防止损伤输卵管黏膜。

④ 做到一只母鸡换一个输精管接头。如果使用滴管类的输精器，必须每输 1 只母鸡用干燥的消毒棉球擦拭 1 次，以防止传播疾病。

⑤ 对母鸡第一次授精后 48 小时可以开始收集种蛋。

二、种蛋的孵化

1. 种蛋的管理

（1）种蛋的选择

1）种蛋来源于生产性能稳定、高产、稳产且无经蛋传播疾病的种鸡群。

2）种蛋为椭圆形（鸡蛋形指数为 1.35）、洁净、大小均匀，蛋壳厚度正常。

（2）种蛋的消毒

1）浸泡消毒。将种蛋放入 0.1% 新洁尔灭溶液中，浸泡 3 分钟，捞出后沥干，即可装盘入孵。或配制 5% 聚维酮碘溶液（含有效碘 0.5%）适量，将种蛋轻快放入聚维酮碘溶液，浸泡 3 分钟，捞出后沥干，即可装盘入孵。或将种蛋放入 0.1% 高锰酸钾溶液中，浸泡 3 分钟，捞出后沥干，即可装盘入孵。

【注意】 浸泡消毒不能用于种蛋贮存前。

2）熏蒸消毒。可采用甲醛—高锰酸钾熏蒸消毒。此法常在孵化器中进行，不但对种蛋进行了消毒，同时也对孵化器进行了消毒。每立方米用高锰酸钾 15 克、福尔马林 30 毫升。先将盛有高锰酸钾的搪瓷器皿放入孵化器底部，然后加入福尔马林，立即将孵化器门关闭，熏蒸 30 分钟。还可采用过氧乙酸熏蒸消毒。此法可用于种蛋库和孵化器。每立方米空间用 1% 过氧乙酸溶液 30 毫升，熏蒸 60 分钟。

（3）种蛋的保存

1）贮存时间。种蛋贮存时间一般以产后 1 周为宜，最长也不要超过 2 周。

2）贮存温度。保存期在 1 周以内以 18.3℃ 为宜；1～2 周时以 12～15℃ 为宜；超过 2 周时以 10.5℃ 为宜。温度超过 25℃，保存时间不超过 5 天；温度超过 30℃，保存时间不超过 3 天。

3）贮存湿度。种蛋贮存过程中，蛋内水分可通过气孔不断向外蒸发。蒸发量的大小随贮存时间和环境湿度而变化。因此，必须使贮存窒保持适宜的湿度，一般以相对湿度为 75%～80% 为宜。

4）种蛋放置状态。种蛋放置状态与种蛋贮存时间有关，如贮存期在 1 周以内，蛋的大头向上或小头向上均可；如果贮存期在 1 周以上，种蛋放入蛋托时，则应小头向上放置。否则，孵化率会明显下降。

（4）种蛋的装运　运输前，必须将种蛋包装妥善，盛器要坚实，能承受较大的压力而不变形，并且还要有通气孔，一般都用纸箱或塑料制的蛋箱盛放。装蛋时，每个蛋上下左右都要隔开，不留空隙，以免松动时碰破。通常用纸屑或锯末、谷壳填充空隙。蛋要竖放，大头在上，每箱（筐）都要装满。然后，整齐地排放在车（船）上，盖好防雨设备，冬季还要防风保湿。运行时不可剧烈颠簸，以免引起蛋壳或蛋黄膜破裂，损坏种蛋。经过长途运输的种蛋，到达目的地后，要及时开箱取出，剔除破蛋。尽快将种蛋消毒装盘入孵，千万不可贮放。

2. 孵化条件

（1）温度　温度是鸡蛋孵化的首要条件，机器孵化鸡蛋施温标准，见表 4-15。

表 4-15　机器孵化鸡蛋施温标准

胚龄	孵化室内温度（室温）/℃	孵化器内温度（孵化温度）/℃
1~18 天	23.9~29.4	37.8
18 天以后	29.4 以上	37~37.5

（2）湿度　湿度与蛋内水分蒸发和胚胎物质代谢有密切关系，对胚胎的发育有较大影响。相对湿度调节见表 4-16，孵化至出雏的温度、湿度参数见表 4-17。

表 4-16　相对湿度调节表

孵化阶段	相对湿度变化
孵化前期	55%~60%，保证胚胎受热均匀，利于形成尿囊液和羊水
孵化中期	30%~55%，利于水分蒸发
孵化后期	65%~70%，避免胚胎脱水
破壳期	雏鸡出壳达 20% 以上，相对湿度保持在 75%

表 4-17　孵化至出雏的温度、湿度参数表

品种	孵化温度、孵化湿度	出雏温度、出雏湿度
黄羽鸡、麻鸡和土鸡	37.8℃±0.1℃、52%±3%	36.8℃±0.3℃、63%±5%
其他鸡	38.0℃±0.1℃、50%±3%	36.8℃±0.3℃、65%±5%

（3）通风　通风可以提供胚胎发育需要的氧气，排出二氧化碳，驱除余热，使孵化期温度均匀。原则是"前小后大"。通气孔调节时间，见表 4-18。

表 4-18　通气孔调节时间表

孵化阶段	通气孔调节
孵化 1~3 天	通气孔关闭。胚胎小不需要外界氧气，产热很少，需要保温
孵化 4~12 天	通气孔小。胚胎发育需要氧气，产热有所增加
孵化 13~17 天	通气孔中等大小。胚胎代谢旺盛，需要较多氧气，可以产生较多热量
孵化 18 天以后	通气孔全开。啄壳出壳，代谢旺盛，避免出壳雏鸡闷死

3. 孵化操作

（1）**卫生和消毒**　入孵前1周，孵化器和孵化室要彻底清扫、刷洗干净，熏蒸消毒。

（2）**检查孵化设备**　检查孵化机的通风、转蛋、控温、控湿等系统，如有异常，要立即维修；试运转2天，并检查孵化器内的温度变化和温差大小，孵化器无异常后方可入孵。

（3）**码盘入孵**　将种蛋码在孵化器的孵化盘上叫码盘，应大头向上摆放。将蛋盘放入孵化机的孵化架上，消毒后推入孵化期内，开启电源进行孵化。

（4）**转蛋**　转蛋就是将摆有种蛋的蛋架前倾后倾45度（转蛋角度达到90度）。转蛋可以使种蛋受热均匀，避免胚胎与蛋壳膜粘连，使胚胎得到运动，提高孵化率。入孵开始，每隔2~3小时转蛋1次，孵化至17天，可以停止转蛋。

（5）**照蛋**　使用照蛋器照蛋，检查胚胎发育情况及孵化条件是否合适（表4-19），为下一步采取措施提供依据。同时剔出无精蛋和死胚蛋等异常蛋，以免污染孵化器，影响其他蛋的正常发育。

表 4-19 正常蛋和异常蛋的区别

类别	头照（5天）	二照（10天）	三照（18天）
正常蛋	明显的血管网，气室界限明显，胚胎活动，蛋转动胚胎也随着转动，可见黑色的眼点（剖检时可见到胚胎黑色的眼睛）。特征是"单珠"	种蛋的小头正面有血管网分布，活胚呈黑红色，可见到粗大的血管及胚胎活动。特征是"合拢"	气室的边缘呈弯曲倾斜状，气室中有黑影闪动。特征是"闪毛"
异常蛋	颜色发浅，只能看见卵黄的影子，其余部分透明，旋转种蛋时，可见扁形的蛋黄悠荡漂转，转速快的是无精蛋；不规则的血环或几条血管贴在蛋壳上，形成血圈、血弧、血点或断裂的血管残痕，无放射形血管的是死胚蛋	入孵后第10~11天照蛋时，气室界限模糊，胚胎呈黑团状，有时可见气室和蛋身下部发亮，无血管，或有残余血丝或死亡胚胎阴影的是死胚蛋	小头透亮，则为死胚蛋；胚蛋气室边缘整齐，血管发红，气室小的多是发育慢的胚胎

（6）落盘（移盘） 孵化到第18~19天时，将入孵蛋移至出雏盘，这个过程称落盘。要防止在孵化蛋盘上出雏，以免被风扇打死或落入水盘溺死。

（7）拣雏 孵化到20天时，开始出雏。有30%的雏鸡出壳后可进行第一次拣雏；70%的雏鸡出壳后进行第二次拣雏，剩余的在最后一次拣雏。

（8）人工助产 出壳后期对自行出壳困难的雏鸡进行人工助产。雏鸡已经啄破，壳下膜变成橘黄色时，说明尿囊膜血管已萎缩，出壳困难，可以人工助产。若壳下膜仍为白色，则尿囊血管未萎缩，这时人工破壳会造成出血死亡。人工破壳是从啄壳孔处剥离蛋壳1厘米左右，把雏鸡的头颈拉出并放回出雏箱中继续孵化至出雏。

（9）后期管理

1）出雏结束，将死雏和毛蛋拣出。

2）将孵化器和孵化室内的废弃物，如蛋壳、死雏、毛蛋、绒毛等装入密闭的塑料袋内，运到指定地点无害化处理。

3）为保持孵化器的清洁卫生，必须在每次出雏结束后，对孵化器进行彻底清扫和消毒。在消毒前，先将孵化用具用水浸润，用刷子除掉脏物，再用消毒液消毒，最后用清水洗干净，沥干后备用。孵化器可用3%来苏儿喷洒或用福尔马林熏蒸法消毒。

4. 孵化记录

（1）孵化室日程表 目的是合理安排孵化室的工作日程。各批次之间，尽量把入孵、照蛋、移盘、出雏工作错开，一般每周入孵2批，工作效率较高。

孵化室日程表

批次	机号	入孵		头照		二照		移盘		出雏	
		月	日	月	日	月	日	月	日	月	日

（2）孵化条件记录表　在孵化的过程中，值班人员每 1~2 小时观察记录温度、湿度 1 次；对孵化室的温度、湿度也要做记录。

孵化条件记录表

时间（时）	孵化室		孵化器				值班人员	备注
	温度	湿度	温度	湿度	翻蛋	凉蛋		
0								
2								
4								
6								
8								
10								
12								
14								
16								
18								
20								
22								

（3）孵化成绩统计表　每批孵化结束后，要对本批孵化情况进行统计和分析。

孵化成绩统计表

批次	品种	种蛋来源	入孵日期	入孵蛋数	照蛋			出雏情况				受精蛋数	受精率	孵化率		健雏率	备注
					无精蛋	死精蛋	破蛋	移盘数	健雏数	弱雏数	死胚蛋			受精蛋	入孵蛋		

三、雏鸡的处理

1. 雏鸡的性别

雏鸡的性别鉴定有利于合理安排生产计划、提高群体均匀度和提高资源利用率。土鸡多是传统的品种，不具备自别性别的基因条件，多采用翻肛鉴别法。

2. 雏鸡的分级

每次孵化，总有一些弱雏和畸形雏，孵化成绩越差，其弱雏和畸形雏的数量就越多。对雏鸡进行性别鉴定时，应同时将头部、颈部、爪部弯曲，关节肿大、瞎眼、大肚、残肢、残翅的雏鸡挑出淘汰。性别鉴定后，应将雏鸡按体质强弱进行分级，分别进行饲养。这样可以雏鸡发育均匀，减少疾病感染机会，提高雏鸡成活率。

05

第五章
商品土鸡的饲养管理

第一节　商品土鸡的饲养原则与饲养方式

一、商品土鸡的饲养原则

（1）公、母鸡分群饲养　公、母鸡采食量、消化吸收能力、对环境适应能力及生长速度（6周龄时公鸡的体重约大于母鸡体重的20%）都有很大不同，上市时间也有差异（公鸡一般90日龄即可达成上市体重，母鸡则需要养至120日龄才能达到上市体重）。分群饲养可以充分发挥公、母鸡的生长性能，降低饲料消耗，有效保证鸡群的均匀度。

公鸡群　　　　母鸡群

（2）自由采食　为了充分发挥生长潜能，缩短饲养周期，按时达到上市体重，土鸡全程采取自由采食。雏鸡一开始就采用全价粉碎料。0~2周龄每天喂6次，其中5:00和22:00必须各喂1次。3~4周龄每天喂4次，5周以后每天喂3次。

（3）全进全出　全进全出是指同一栋鸡舍内，在同一时间内只饲养同一日龄的鸡，又在同一天出场的饲养制度。这一饲养制度的优点很多，在饲养期内管理方便，容易调控舍内温度、湿度和光照，便于机械化作业。出场后便于彻底打扫、清洗、消毒，切断病原体的循环感染。熏蒸消毒后，空置1~2周，然后开始下一批鸡的饲养。这样可保持鸡舍的卫生与鸡群的健康。

全进全出饲养制度与连续生产饲养制度（同一鸡舍内饲养着不同日龄或批次的鸡）相比，土鸡增重快、耗料少，发病少，死淘率低。土鸡生产者可根据鸡舍、设备、雏鸡来源和市场情况，来制订全年养鸡生产计划、确定饲养规模、休整时间和消毒日程等。

二、商品土鸡的饲养方式

饲养方式对土鸡肉的品质有比较大的影响，饲养作为生产优质禽肉的土鸡时应该考虑采用合适的饲养方式，以获得良好的鸡肉品质。

（1）圈养

◀ 庭院圈养。在农户的庭院内用尼龙网或围墙围一片空地，将土鸡养在其中。所喂饲料以配合饲料为主，补饲青绿饲料。这种饲养方式的规模小（通常为200~500只），但是管理方便，生长速度较快。

◀ 集中圈养。使用专门的鸡舍，在鸡舍的一侧墙外围起一个运动场。晚上和风雨天气，鸡群在鸡舍内生活，天气良好的白天，鸡群可以自由选择在鸡舍和运动场中活动、采食。这种饲养方式的饲养量比较大，通常为500~2000只。

◀ 发酵床圈养。用锯末、秸秆、稻壳、米糠、树叶等农林业生产下脚料配以专门的微生态制剂来垫圈养鸡，鸡在垫料上生活，垫料里的特殊有益微生物能够迅速降解鸡的粪尿排泄物。不需要清理鸡舍，从而没有任何废弃物排放，垫料清出圈舍就是优质有机肥。

◀ 舍内平养。利用闲房和旧房作为鸡舍，在舍内地面上铺上垫料，土鸡均饲养在垫料上。垫料为锯末、花生壳、铡短的稻草、麦秸和干沙等。垫料可以定期更换，也可以一直添加但不更换，育肥结束出栏时再清理。这种方式简单易行，投资少，管理方便，效益大，是土鸡生产最常采用的饲养方式。

◀ 网上平养。将舍内饲养区铺上距地高60厘米的铁丝、竹片和木栅条，栅条上再铺塑料网。鸡在网上饲养，粪便直接落于地面，不与鸡接触，减少鸡患球虫病的机会。网上平养能提高饲养密度，容易观察鸡群状况，洁净卫生，效果良好。饮水器和料桶的数量要充足，放置应均匀。

（2）舍内笼养

把土鸡饲养在笼内，主要饲喂配合饲料。采用这种饲养方式，鸡生长得比较快，但是饲料成本比较高，鸡肉的品质也没有散放饲养时好。

（3）放牧饲养　将土鸡放养在果园、林地、冬闲地、滩涂等地方。可以节约饲养成本，还能够保证良好的鸡肉品质。另外，鸡粪还可以增加土壤肥力，消灭害虫。土鸡最佳的放养季节为春末夏初。一般夏季 30 日龄、45 日龄可开始放养；寒冬需到 50~60 日龄才能放养。

▲ 放养场地应选择林地、果园、山坡或荒地。放养场地的牧草越丰富，质量越好，鸡所能采食到的饲草和昆虫就越多，也就越有利于育肥。在放养地旁边搭建若干个棚舍供鸡群在夜间和雨天休息。白天鸡群在果园或林地中自由采食青草、昆虫、杂草种子等野生饲料，傍晚适当补饲精料。每亩（1 亩 ≈ 667 米²）地放养 30~50 只鸡为宜，鸡群不宜过大，一般每栏 300~500 只。

◀ 可以用尼龙网围一片荒地或草地，把 3~4 周龄的土鸡放养在其中，让其自由采食青草、昆虫、杂草种子等野生饲料。

第二节　不同商品土鸡的饲养管理

一、圈养土鸡的饲养管理

1. 饲养要点

（1）饲料　饲料是影响土鸡生长速度和鸡肉品质的主要因素。

◀ 商品土鸡育雏期可以使用蛋用雏鸡全价配合饲料。20 日龄以前以饲喂配合饲料为主，以后逐渐增加青绿饲料的用量。30 日龄后可以适当加大玉米的用量以提高能量水平。如果选用普通的浓缩饲料，第 1 个月的配合饲料中用 40% 的浓缩饲料+60% 的玉米；第 2 个月用 35% 的浓缩料+65% 的玉米。

◀ 30日龄以后，饲喂土鸡中大鸡配合饲料，可以大量补饲青绿饲料，如鲜嫩的杂草、牧草、树叶、蔬菜等。避免青绿饲料受到农药污染。还可人工育虫和养殖蚯蚓等喂鸡。

（2）饲喂方法　雏鸡阶段使用料桶或小料槽，以后可以使用较大料槽或料盆，容器内的饲料添加量不宜超过其深度的一半，以减少饲料的浪费。

（3）饲喂次数　生产中，青绿饲料是全天供应，当鸡群把草、采集的茎叶基本吃完后，可以将剩余的残渣清理后再添加新的青绿饲料。配合饲料可以在10:00、15:00、18:00和半夜各饲喂1次。

（4）喂料量　1天内每只鸡饲喂的配合饲料量占其体重的6%～10%，育雏期比例大一些，随着体重的增加喂料量占体重的比例要逐渐减少。动物性饲料，尤其是鲜活的昆虫、蚯蚓等，每天的喂料量不能太多。

【提示】青绿饲料要多样搭配，各种青绿饲料中的营养成分能够互补，长时间饲喂单一的某种青绿饲料对土鸡的生长发育和健康会有不良影响。有的青绿饲料中含有某些抗营养因素或有毒有害物质（尽管含量很低），长期使用会影响其他营养成分的吸收或出现慢性中毒。

（5）饮水要求　饮水应遵循"充足、清洁"的原则。"充足"是指在有光照的时间内要保证饮水器内有一定量的水。断水时间不宜超过2小时，断水时间长则影响鸡的采食，进而影响其生长发育和健康，夏季更不能断水。"清洁"是指保证饮水的卫生，不让鸡群饮用脏水。

2. 管理要点

（1）保持合适的温度　鸡舍要保温隔热和通风良好。育雏期将鸡舍封闭，保证育雏期温度适宜。在育肥期间根据外界天气条件打开窗户加强通风换气，尽量使温度保持在15～28℃，避免温度过高、过低或剧烈变化。注意当地天气预报，天气变化要及早采取应对措施。

（2）保持鸡舍干燥　地面平养鸡舍，可在鸡舍内铺设干净、干燥、无霉变的刨花、锯末、花生壳、树叶、麦秸等垫料。注意保持垫料干燥，减少微生物和寄生虫的大量繁殖。

【小常识】 防止垫料潮湿，一是在更换饮水、挪动饮水器时，尽量防止饮水器中的水洒到垫料上；二是及时更换饮水器周围的湿垫料；三是在白天鸡群到舍外运动场活动时，打开门窗或风扇进行通风；四是保证鸡舍内地面比鸡舍外高出 20 厘米以上，并尽量防止雨后鸡舍周围积水；五是防止屋顶漏雨。

（3）保持合适的饲养密度（表 5-1）

表 5-1 商品土鸡饲养密度

周龄	饲养密度/（只/米²）
1~2 周龄	35~45
3 周龄	30~40
4 周龄	25~35
5 周龄	20~30
6~7 周龄	15~20
8 周龄以上	10~15

（4）光照管理 白天采用自然光照，晚上在 22:00~24:00 点用灯泡照明 2 小时，并喂料和饮水。

（5）增强运动 土鸡肉的风味好坏与其饲养过程中的运动量大小有密切关系。增加运动不仅可以提高鸡肉的风味，还有助于提高鸡群的体质。要求 15 日龄以后在无风雨的天气让鸡群到运动场上去采食、饮水和活动。

（6）保持鸡群生活环境卫生 鸡舍要定期清理，将脏污的垫料清理出来后，在离鸡舍较远的地方进行堆积发酵处理。要经常清扫运动场，含有鸡粪、草茎、饲料的垃圾要堆放在固定的地方。鸡舍内外要定期进行消毒处理，把环境中的微生物数量控制在最低水平，以保证鸡群的安全。料槽和水盆每天清洗 1 次，每 2 天用消毒药水消毒 1 次。

（7）设置栖架 鸡在夜间休息的时候喜欢卧在树枝、木棍上，在鸡舍内放置栖架可以让鸡在夜间栖息在上面，其优点是可以减少相对饲养密度，减少与粪便的直接接触，避免老鼠在夜间侵袭。栖架用几根木棍钉成长方形的木框，中间再钉几根横撑，放置时将栖架斜靠在墙壁上，横撑与地面平行。

二、放养土鸡的饲养管理

1. 饲养要点

（1）**饲喂**　10日龄前需要使用全价配合饲料，按照一般育雏期的饲养方法进行。此后可以在饲料中掺入一些切碎的鲜嫩青绿饲料。15日龄后可以每天在鸡舍附近的地面上撒一些配合饲料和青绿饲料，诱导雏鸡在地面觅食，以适应以后在果园、林地、山坡、荒地采食野生饲料。

（2）**定时补饲**　放养鸡群仅靠青草和昆虫是吃不饱的，每天必须进行定时定量补饲。补饲时间一般安排在傍晚鸡回到鸡舍后。补饲定时定量，特别是时间要固定，不可随意改动，这样可增强鸡的条件反射。夏秋季可以少补，春冬季可多补一些；30~60日龄每天补精料25克左右。60日龄后，鸡生长发育迅速，饲料要有所调整，提高能量水平，喂量逐步增加，每天补精料30~35克，还需要增加油脂，但不可加牛油、羊油及鱼油等有异味的脂肪。脂肪的添加量为3%。每天必须让土鸡吃饱，否则会使鸡生长发育受阻，鸡群整齐度下降。

（3）**种植牧草**　在放养场地种植优质牧草如苜蓿等。苜蓿为豆科牧草，新鲜苜蓿粗蛋白质含量高达22%，可满足土鸡的生长发育需要。每年在其他牧草还没有返青前，苜蓿已经发出2~3片嫩叶，可供雏鸡采食。到了5月，苜蓿可达40~50厘米高。每年可利用3~4茬，一批放养鸡出栏后，给苜蓿地浇一次水，苜蓿借助鸡粪的肥力，经15天左右又可以长到数十厘米高，供第二批鸡采食。

（4）**供给充足的饮水**　放养鸡群活动空间大，体内水分消耗多，必须在鸡群活动的范围内，平均每50只鸡放置一个饮水器或安装5个饮水乳头。尤其是干热的夏季更应如此，否则就会影响鸡的生长发育，甚至造成疫病的发生。

（5）**每周称重**　鸡群整齐度是保证全出的基础，而鸡群整齐度则来源于鸡群的饲养强度。为保证鸡群的整齐度高，每周必须进行抽检称重。如果个体间体重差距较大，平均体重明显低于品种体重标准，说明每天的投料量不足，应增加每天的补饲量；如果个体间体重差距不大，平均体重接近或等于品种体重标准，说明投料量合适。

2. 管理要点

（1）**保持合适的鸡舍温度**　1～3 日龄时温度保持在 33℃左右，4～7 日龄时温度在 31℃左右，8～14 日龄时温度在 29℃左右，15～21 日龄时温度在 26℃左右，22～28 日龄时温度在 23℃左右，29 日龄以后鸡舍内温度保持在 18℃以上。由于土鸡大都在 4 月以后放养，因此可以根据天气情况考虑在 15 日龄以后于无风的晴天中午前后，让雏鸡到鸡舍附近活动，以适应外界环境。保温的重点在 15 日龄以前，尤其是在晚上和风雨天气。

（2）**放养前的训练**　放养鸡群与舍饲鸡群不同，放养鸡群的活动范围大，放养场地又有可食的青草与昆虫，常有一些鸡夜晚不归舍。夜晚不归舍的鸡，不但得不到补饲，而且还容易遇到雨淋或野生肉食动物的捕食。因此，在开始放养的头几头对鸡群要进行放养训练，使鸡群天黑前全部回到鸡舍。训练时需要两人配合进行，一人站在鸡舍门口吹哨，并向鸡群抛撒玉米、碎米或小麦颗粒；另一人在放养场地的另一端用竹竿驱赶鸡群，直到全部进入鸡舍为止。如此反复训练数天，鸡群就能建立起"吹哨—采食"的条件反射，在傍晚或天气不好时，只要吹哨，鸡都能及时被召回舍内。

（3）**注意观察鸡群**　每天早晨把鸡放出鸡舍时，看鸡是否争先恐后地向鸡舍外跑，如果有个别的鸡行动迟缓或待在鸡舍不愿出去，说明这些鸡的健康状况出现了问题，需要及时进行诊断和治疗。每天傍晚，当鸡群回到鸡舍的时候，观察鸡群，一方面看鸡的数量有无明显减少以决定是否到果园内寻找，另一方面看鸡的嗉囊是否充满食物以决定补饲量的多少。

（4）**防止药害**　在果园放养时，对果树喷洒的农药必须选用低毒类或生物类农药，以防引起鸡中毒.

（5）**防止兽害**　果园、林地、荒地等一般都在野外，可能进入的野生动物很多，如黄鼠狼、老鼠、蛇、鹰、野狗等，这些野生动物对不同日龄的土鸡都有可能造成危害。因此，放养土鸡必须防止这些野生动物的为害，否则会造成很大的损失。可在鸡舍外面悬挂几个灯泡，使鸡舍外面通夜比较明亮；管理人员住在鸡舍旁边也有助于防止野生动物靠近。

◀ 在鸡舍外面搭个小棚，养几只鹅，当有动静的时候，鹅会鸣叫，人可以及时查看。鹅还可以防蛇。

（6）夜间照明　光照可以促进鸡新陈代谢、增进食欲，特别是冬、春季节，自然光照时间短，必须实行人工补光。22:00 关灯，关灯后，还应有部分光照不强的灯通宵照明，方便鸡行走和饮水，以免引起惊群，减少应激，还可以防止野生动物在晚上靠近。在夏季昆虫较多时，夜间开灯会吸引昆虫，供鸡采食。如果缺乏电力供应，可以用太阳能蓄电池照明。

（7）防止意外伤亡和丢失　鸡舍附近地段要定期下夹子捕杀野生动物，晚上下夹子，第 2 天早晨要及时收回，防止伤到鸡。要及时收听当地天气预报，暴风雨来临前要做好鸡舍的防风、防雨、防漏工作，及时寻找未归的鸡，以减少损失。下雨天让鸡群在室内活动和采食饮水。

（8）加强隔离卫生　避免不同日龄的鸡群混养。一个果园内在一个时期最好只养一批土鸡，相同日龄的鸡在饲养管理和卫生防疫方面的要求一样，管理方便。如果不同日龄的鸡群混养，则会因为争斗、疾病传播、生产措施不便于实施等原因，影响到生产。如果想养两批鸡，最好是用尼龙网或篱笆把果园分隔成两部分，并有一定隔离距离，减少相互之间的影响；及时清理粪便，定期进行消毒，按时接种疫苗，适时饲喂抗菌药物和抗寄生虫药物，还要及时检查和处理病鸡。

（9）适时免疫接种　当前养鸡生产大多采用高密度、集约化的饲养方式，使鸡的生长发育和生产性能得到了大幅度的提高；同时也给鸡病的传播创造了有利条件。过去未曾引起重视的疾病也逐渐成为养鸡业的重大威胁，如传染性法氏囊病、病毒性关节炎、鸡大肠杆菌病、鸡球虫病等。因此，在加强饲养管理的基础上，养殖场应加强卫生管理，定期检疫，形成科学的免疫程序，适时进行免疫接种。

（10）定期驱虫　放养鸡群大部分时间放牧于草地、林间，与地面接触密切，患寄生虫病的机会较多，必须定期进行驱虫。对胃肠道寄生虫，可用左旋咪唑或阿苯达唑进行驱除。对于鸡球虫可定期投喂不同的抗球虫药进行预防和治疗。

第三节　商品土鸡的季节性管理

一、炎热季节的饲养管理

炎热天气条件下，土鸡的采食量将随着温度的上升而下降，生长发育和饲料转化率降低。为保证鸡群的健康和正常的生长发育，应采取一些相应的技术措施。

1. 满足蛋白质和氨基酸的需要

由于炎热高温，鸡的采食量下降，鸡从饲料中获得的蛋白质和氨基酸难以满足生长发育的需要。因此，在高温季节应调整饲料配方，适当提高蛋白质和氨基酸的含量，以满足鸡生长发育的需要。

2. 降低饲养密度

在舍饲情况下，饲养密度过大，不仅会使采食、饮水不均匀，还会因散热量大而使舍温升高。因此，在炎热季节饲养土鸡，一定要严格控制饲养密度，不得使密度过大。

3. 加强通风降温

通风可降低鸡舍温度，增加鸡体散热，同时改善鸡舍空气环境。所有鸡舍，特别是较大的鸡舍必须安装排气扇，在炎热季节加强通风管理。

4. 添加水溶性维生素

在炎热季节，鸡的排泄量大幅度增加，使水溶性维生素的消耗加大，很容易引起生长发育迟缓，抗热应激能力降低。因此，在饮水中添加水溶性维生素或在饲料中增加水溶性维生素的添加量。

5. 饲料中添加碳酸氢钠

炎热高温可使鸡呼吸加快，血液中碱储减少，引发酸中毒。在日粮中添加 0.1% 的碳酸氢钠，可有效地提高血液中的碱储，缓解酸中毒的发生。

二、梅雨季节的饲养管理

梅雨季节的高温高湿影响土鸡生长发育。鸡舍内湿度过大，垫料潮湿易于霉烂发臭，氨气浓度升高，易导致球虫病、大肠杆菌病和呼吸道疾病的暴发。

1. 及时更换垫料

进入梅雨季节后，要增加对垫料的检查次数，发现垫料潮湿发霉现象应及时更换，以降低舍内氨气浓度，破坏球虫卵囊发育环境。

2. 防止饲料霉变

进入梅雨季节后，为防止饲料受潮霉变，每次购入饲料的数量不得太多，一般以可饲喂 3 天为宜。鸡舍内的饲料应放在离开地面的平台上，以防吸潮、结块。

3. 消灭蚊、蝇

蚊、蝇是某些寄生虫、细菌和病毒性疾病的传播媒介。因此，土鸡舍内应定期进行喷洒药物杀灭蚊、蝇，但所使用药物应对鸡群无害，不会引起鸡群中毒。

4. 加强鸡舍通风

加强鸡舍通风不但可以有效降低鸡舍温度，而且可以排除舍内潮气，降低舍内湿度，使鸡群感到舒适。

5. 投喂抗球虫药

高温高湿有利于球虫卵囊的发育，从而导致球虫病的暴发。尤其是地面平养鸡群接触球虫卵囊的机会更多，因此在梅雨季节，饲料中应定期投放抗球虫药物，以防暴发球虫病。

三、寒冷季节的饲养管理

寒冷季节鸡群用于维持体温所消耗的能量会大幅度增加，使机体增重减慢。因此，进入冬季后要切实做好鸡舍的防寒保暖工作。

1. 修缮门窗

进入冬季前应全面检查鸡舍的门窗，发现有漏风的地方应进行修缮，使其密闭无缝，防止漏风。

2. 减少通风

通风可降低鸡舍温度，因此进入寒冷季节后要逐渐减少通风次数，以维持鸡舍的适宜温度。为了保持鸡舍内空气环境，即使在寒冷季节的中午前后也应对鸡舍进行定时通风。

3. 鸡舍升温

在北方的冬季，空闲鸡舍的温度往往在 0℃ 以下。育雏结束后，鸡群在转入生长、育肥舍前，一定要将鸡舍预先升温，必要时还需连续供温，保证温度在 10℃ 以上，以保障鸡的正常生长发育，否则将会造成重大经济损失。

06

第六章

肉蛋兼用型土鸡的饲养管理

一、肉蛋兼用型土鸡的品种选择

固始鸡

当地气候条件
- 应考虑所拟选择品种对当地气候条件的适应性。最好选择那些距当地较近，气候条件差异不大，宜于适应当地环境、气候的品种。这样能减轻鸡群对环境适应的压力，充分发挥其生产性能，取得较好的养殖效果，获得较高的经济效益

当地消费习惯
- 不同地区消费者对鸡蛋大小、蛋壳及蛋黄的色泽，鸡的羽色(如南方各地的消费者喜欢黄羽鸡，而西南各省的消费者则喜欢麻羽鸡)、体形(南方各省的消费者要求鸡的体形紧凑、腿短骨细，而北方各地则要求不那么严格)、性别(如广东、广西等地的消费者喜欢食用母鸡，而四川、辽宁、天津、河南、山东的消费者则喜欢食用公鸡)等，喜好差异很大，要充分考虑

当地消费水平
- 经济不太发达的地区，土鸡鸡蛋和鸡肉的消费量较小，且多喜欢个头较小的土鸡鸡蛋和体重较轻的土鸡肉鸡。而在城市和近郊等经济较发达的地区，不但土鸡鸡蛋和肉鸡的消费量较大，且消费者对土鸡鸡蛋的大小和肉鸡的体重也没有明显的特殊要求

二、育雏季节的选择

养殖土鸡能否取得较好的经济效益，与育雏季节的选择密切相关。例如，每年的农历一至五月，一般是土鸡鸡蛋和土鸡肉鸡的销售淡季，那么前一年的7～9月培育的雏鸡其产蛋高峰期刚好在土鸡鸡蛋销售淡季，此时市场对土鸡鸡蛋的需求量较少，销售价格一般较低；并且淘汰鸡的时间又在10～11月，此时土鸡肉鸡的销售虽已进入旺季，但距元旦和春节尚有一些时日，销量也不太大。所以，每年的7～9月不要购进土鸡雏鸡，以防产蛋高峰期和淘汰育肥鸡在销售淡季，造成经济效益不佳。然而，距离土鸡鸡蛋和土鸡肉鸡加工企业较近的地区，则无须考虑市场需求的淡、旺季问题。养殖肉蛋兼用型土鸡应根据鸡舍的条件、每个季节的育雏特点、市场对土鸡鸡蛋和土鸡肉鸡的供需预测，进行综合考虑。

3～5月孵出的雏鸡，因气温适中、日照渐长、阳光充足，育雏成活率高，雏鸡体质健壮。育成阶段赶上夏、秋季节，户外活动时间多，鸡体质强健。当年8～10月开产，产蛋期长，产蛋率高，产蛋高峰期正好在元旦和春节期间，市场对土鸡蛋需求旺盛。6～8月孵出的雏鸡，正值高温、高湿季节，雏鸡生长发育缓慢，易发病。秋季育雏是指9～11月孵出的雏鸡。此时气温适宜育雏。但受自然光照影响，性成熟早，到成年时鸡的体重较轻，所产鸡蛋较小，产蛋期持续时间短。冬季育雏，恰是一年中气温最低时期，需要人工加温的时间较长，燃料费用高，消耗的饲料也多，经济上不太合算。但冬季加温育雏要比夏季降温育雏容易得多，冬季干燥，土鸡疾病少，成活率高。

三、肉蛋兼用型土鸡的饲养管理

肉蛋兼用型土鸡一般分为育雏期、育成期、产蛋期和育肥期四个阶段，0~7周龄为育雏期，8~22周龄为育成期，23~64周龄为产蛋期，65~70周龄为育肥期。另外，肉蛋兼用型土鸡饲养全程的划分，还因品种、生长发育规律而不尽相同。

1. 饲养方式

肉蛋兼用型土鸡的饲养方式有舍内饲养和舍外放养，舍内饲养又可以分为地面平养、网上平养和笼内饲养。

2. 饲养管理要点

（1）舍内饲养肉蛋兼用型土鸡育雏期、育成期、产蛋期的饲养管理　饲养肉蛋兼用型土鸡是为了获得蛋品供应市场，饲养管理与土种鸡相比，除公鸡培育、管理和土种鸡繁殖管理外，其他方面的饲养管理可参照前面的种用土鸡饲养管理的内容。

（2）舍外放养肉蛋兼用型土鸡的饲养管理　肉蛋兼用型土鸡，一般是先在室内育雏，育雏期的饲养管理与土种鸡饲养管理一致。育雏结束后将育成期、产蛋期和育肥期的鸡群放到果园、小树林、竹林、茶园进行放养。放养可以使鸡获得充足的阳光，采食到青绿饲料、昆虫、沙砾等。虽然放养会使鸡的运动量增大，能量消耗增加，但是可促进鸡的生长发育，增强体质，提高抗病能力和产蛋率。长期放养还可使鸡体更加紧凑，被羽光亮，肌肉结实，减少腹脂，更能适应市场对低脂肉蛋兼用型土鸡的需要，销售价格也会更高一些。

1）放养场地的选择。放养场地应选择无污染的山区林地、果园或荒地。放养场地确定后，周围打2米高的水泥桩，用耐雨淋、不生锈的尼龙网或塑料网筑起2米高的围栏，以防野生肉食动物侵入，并防止鸡跑失。围栏面积根据饲养量和放养密度而定，一般每只鸡平均占地10~20米^{2}为宜，鸡群不宜过大，一般以每栏放养300~400只为宜。

2）鸡舍的建造。在围栏内选择地势高燥，背风向阳，排水良好的地方修建鸡舍，为鸡提供避风雨，供憩息，过夜的场所。鸡舍应坐北朝南，建筑结构因地制宜，在南方只要能避雨、遮阳即可；在北方除能避雨、遮阳外，还必须考虑鸡舍的保暖和防寒问题。鸡舍面积应按每平方米4~5只鸡进行设计和建设。鸡舍3/4左右面积应铺上离地面40~50厘米高的塑料网或木、竹栅条，其余部分为走道，供饲养管理人员、进出鸡舍的鸡行走，在走道的两侧放置食槽与水槽。这种饲养方式不但有利于舍内卫生控制和鸡喜栖架的习性，而且可适当提高鸡的饲养密度。

3）种植牧草。为了节省饲料，降低饲养成本，提高鸡的体质，可在放养场地种植优质牧草，如紫花苜蓿、金花菜（黄花苜蓿）、红三叶和草木樨等豆科牧草。这些豆科牧草大多为多年生草本植物，种植和管理简单，产量高，返青早，再生能力强。尤其是紫花苜蓿在我国具有悠久的栽培历史，土地宽余的地区，可种植苜蓿施行轮换放牧，一块苜蓿地放牧一段时间后，草势变弱，可将鸡群赶入另一块苜蓿地放牧。

4）育成期的饲养管理。肉蛋兼用型土鸡育成期的饲养和管理方法与商品土鸡放养期饲养管理相似，但需要注意两点：一是在育成期要加强体重管理。根据体重情况增加或减少补料量，使体重符合标准体重要求。二是在育成期要控制光照时间，保证光照时间渐减。

5）产蛋期的饲养管理。

① 设置产蛋箱。采用放养方式的肉蛋兼用型土鸡，在产蛋前（19～20周龄）应先安装产蛋箱。产蛋箱用木板或塑料板做成，一般长35厘米、宽25厘米、高35厘米，箱内铺上垫草，可供3～4只母鸡轮换产蛋用。根据鸡的多少，产蛋箱可安装成单层，也可安装为多层。母鸡喜欢在光线较暗处产蛋，因此产蛋箱应放置于靠墙边光照较弱的地方或大树下。不管产蛋箱放在何处，但均应高出地面50厘米。母鸡有认巢的习惯，第一个蛋产在什么地方，以后就一直在这个地方产蛋，要人为的去改变它的这种习惯往往不太容易。因此产蛋箱的设置一定要在开产前完成。

② 供给充足的饮水。

◀ 放养鸡群活动空间大，水分消耗多，必须在鸡群活动的范围内，平均每50只鸡放置1个饮水器或安装5个饮水乳头。尤其是干热季节和夏季更应如此，否则就会影响鸡的生长发育，甚至造成疫病的发生。

③ 定时定量补饲。放养鸡群仅靠青草和昆虫是吃不饱的，每天必须进行定时定量补饲。补饲一般分早、晚两次进行，早上外出前投给全天日粮的2/5，傍晚回舍后投给全天日粮的3/5。也可以在傍晚土鸡回舍后一次性补料。每天必须让鸡吃饱，否则会使鸡生长发育受阻，鸡群整齐度下降，开产推迟，产蛋率迟迟达不到品种标准。补料时应观察整个鸡群的采食情况，防止胆子小的鸡不敢靠近采食。可将部分饲料撒向补料场的外围，也可以延长补料时间，使每只鸡都能采食足够的饲料，避免影响生产性能。

④ 环境控制。

a. 温湿度的控制。蛋鸡产蛋需要适宜的温湿度。舍外放养，注意气温低时晚放鸡，早收鸡；气温高时早放鸡，晚收鸡。夏季充分利用树木、植物遮阳，冬季由于外界气温低，可以封闭鸡舍，在舍内饲养，但要注意鸡舍通风和卫生。

b. 光照的控制。光照是影响蛋鸡生产性能的重要因素。蛋鸡每天的光照时间和光照强度对其生产性能有决定性的作用，即对蛋鸡的性成熟、排卵和产蛋等均有影响。产蛋期光照时间保持恒定或渐增，不能缩短。一般产蛋高峰期光照时间应控制在15～16小时，如果自然光照时间不足时需要用人工光照补足。产蛋期的光照强度要达到10～20勒克斯。

⑤ 捡蛋。捡蛋次数影响蛋的破损率和污染程度，捡蛋次数越多，蛋的破损率和污染程度越低。最好是刚产下时即捡走，但生产中捡蛋不可能如此频繁，这就要求捡蛋时间、次数要制度化。大多数鸡在上午产蛋，第一次和第二次的捡蛋时间要调节好，尽量减少蛋在窝内的停留时间。一般要求每天捡蛋3～4次，捡蛋前用0.1%新洁尔灭洗

手消毒，持经消毒的清洁蛋盘捡蛋。捡蛋时要净、污蛋分开，薄壳厚壳蛋分开，完好蛋和破损蛋分开，将那些表面有垫料、鸡粪、血污的蛋，地面蛋及薄壳蛋、破蛋单独放置。在最后1次捡集蛋后要将窝内鸡抱出。

捡蛋后，将脏蛋、破壳蛋、沙壳蛋、钢皮蛋、皱纹蛋、畸形蛋，以及过大、过小、过扁、过圆、双黄蛋和碎蛋挑出，单独放置。对有一定污染的鸡蛋（脏蛋），可先用细纱布将污物轻轻拭去，并对污染处用0.1%百毒杀（癸甲溴铵）进行消毒处理（不能用湿毛巾擦洗，这样做破坏了鸡蛋的表面保护膜，使鸡蛋更难以保存）。

⑥ 注意观察鸡群。平时要认真观察鸡群的状况，发现个别鸡出现异常，及时分析和处理，防止传染性疾病的发生和流行；避免药害和兽害。

⑦ 疾病防控。开产前做好免疫接种和驱虫工作；加强鸡舍卫生管理和隔离，保证饮水和饲料卫生。

（3）肉蛋兼用型土鸡的育肥期管理　肉蛋兼用型土鸡进入60周龄以后，售蛋收入接近饲料、人工和水电支出，就可将鸡群淘汰。此时的鸡群由于产蛋期的限制饲养和产蛋消耗，鸡的皮肤及羽毛光泽欠佳，体形也欠丰满，如直接将鸡群淘汰投放市场，无论如何是卖不出好价钱的。此时根据市场对商品土鸡需求的预测，适时进行适度育肥后供应市场，则常可取得较好的经济效益。此阶段的饲养管理目标在于促使体内脂肪的沉积，增加鸡体的丰满度，改善肉质，增加皮肤及羽毛的光泽。

1）调整日粮营养。肉蛋兼用型土鸡进入育肥期后对能量的需要明显高于产蛋期，而对蛋白质和钙的需要则显著降低。因此，应将日粮调整为高能、低蛋白质和低钙。增加黄玉米等能量饲料的比例，也可在饲料中添加2%~5%的优质植物油或动物脂肪，以提高日粮的能量水平。

为了增加鸡肉的鲜嫩度，保持良好风味，防止饲料原料对鸡肉风味品质的不良影响。在育肥期的饲料中，应禁止使用鱼粉等动物性蛋白质饲料，少用棉籽粕、菜籽粕等有异味的蛋白质饲料，而使用大豆粕和花生粕等蛋白质饲料。

2）饲喂叶黄素。黄色皮肤的土鸡经过一个产蛋周期，体内黄色素几乎耗尽，皮肤颜色变白、无光，影响到销售。皮肤的黄色几乎完全来自饲料中的叶黄素类物质，为了保持黄皮肤的特征，饲料中供给的叶黄素必须达到或超过鸡体丧失的量。含有叶黄素物质的饲料有苜蓿草粉、黄玉米、金盏花草粉、万寿菊草粉等，其中黄玉米是饲料中叶黄素的主要来源。因此，在饲养土鸡时，饲料中要使用黄玉米。黄玉米中的叶黄素使鸡皮肤产生理想黄色的时间需要3周左右，鸡龄越大，叶黄素从饲料中转移到皮肤的比例也越高，但叶黄素在体内的氧化也越多。土鸡进入育肥期后，饲料中必须含有足够的叶黄素，以保证鸡皮肤的理想黄色。

3）自由采食。在产蛋期，为防止肉蛋兼用型土鸡过肥影响产蛋，都要进行适当限制饲养。进入育肥期后，饲养目的发生了改变，由产蛋转向育肥，应停止限制饲养，改为自由采食。通常是每天早、中、晚各喂料1次，或者是将一天的饲料一次性投给，让鸡自由采食。但要注意，不管采用何种投料方式，当天的料都必须当天吃完，不剩料，第二天再添加新料。

4）禁用药物。药物残留会给人体造成许多严重的危害，我国对食品安全问题十分重视，对违规者始终保持严打政策。肉蛋兼用型土鸡进入育肥期后，很短时间内就会上市。因此，各养殖场（户）应高度注意，饲料中不得再添加任何药物，以确保无公害。因药物残留被查处，不但会给自己造成重大经济损失，甚至会带来严重的法律责任。

5）全进全出。在出栏时，应集中一天将同一鸡舍内的育肥鸡一次性出空，切不可零星出售。以利于鸡舍空置，为迎接下一批鸡争取时间。

07

第七章
土鸡场的经营管理

土鸡场的经营管理就是通过对鸡场的人、财、物等生产要素和资源进行合理的配置、组织、使用，以最少的消耗获得尽可能多的产品产出和最大的经济效益。

一、经营决策

经营决策就是土鸡场为了确定远期和近期的经营目标和实现这些目标，对一些重大问题做出最优选择的决断过程。土鸡场经营决策的内容很多，如生产经营方向、经营目标、远景规划，规章制度制定、生产活动安排等，鸡场饲养管理人员每时每刻都在决策。决策的正确与否，直接影响到经营效果。有时一次重大的决策失误就可能导致鸡场亏损，甚至倒闭。正确的决策建立在科学预测的基础上，通过收集大量相关的经济信息，进行科学预测，才能进行决策。正确的决策必须遵循一定的决策程序，采用科学的方法。

1. 决策的程序

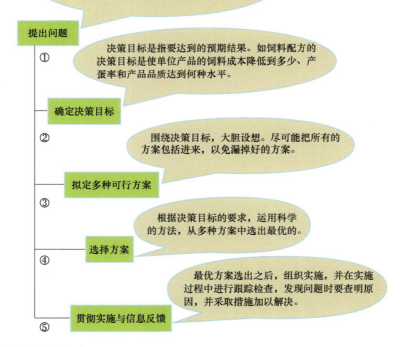

要决策什么或对什么进行决策。如确定经营方向和项目、饲料配方、饲养方式、疾病治疗方案等。

提出问题　①

决策目标是指要达到的预期结果。如饲料配方的决策目标是使单位产品的饲料成本降低到多少、产蛋率和产品品质达到何种水平。

确定决策目标　②

围绕决策目标，大胆设想。尽可能把所有的方案包括进来，以免漏掉好的方案。

拟定多种可行方案　③

根据决策目标的要求，运用科学的方法，从多种方案中选出最优的。

选择方案　④

最优方案选出之后，组织实施，并在实施过程中进行跟踪检查，发现问题时要查明原因，并采取措施加以解决。

贯彻实施与信息反馈　⑤

2. 常用的决策方法

决策方法
- 比较分析法
- 综合评分法
- 盈亏平衡分析法
- 决策树法

二、计划管理

计划是决策的具体化，计划管理是经营管理的重要职能。计划管理就是根据鸡场确定的目标，制订各种计划，用以组织协调全部的生产经营活动，达到预期的目的和效果。生产经营计划是鸡场计划体系中的一个核心计划，土鸡场应制订详尽的生产经营计划。

1. 鸡场的生产周期

鸡场要制订计划，必须了解鸡场的生产周期。

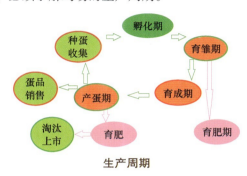

生产周期

2. 鸡场的计划制订

（1）鸡群周转计划的制订　鸡群周转计划是制订其他各项计划的基础，只有制订好周转计划，才能制订饲料计划、产品计划和引种计划。制订鸡群周转计划，应综合考虑鸡舍、设备、人力、成活率、鸡群的淘汰和转群移舍时间、数量等，保证各鸡群的增减和周转能够完成规定的生产任务，又最大限度地降低各种劳动力消耗。

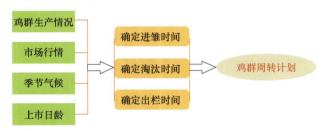

（2）鸡场生产计划的制订

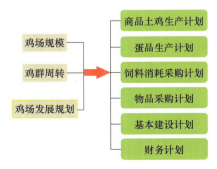

三、组织管理

1. 建立精简高效的生产组织

生产组织与鸡场规模大小有密切关系，规模越大，生产组织就越重要。规模化土鸡场可以设置有办公室（行政）、生产技术部、市场销售部、财务部和生产班组等组织部门，部门设置和人员安排尽量精简，提高直接从事养鸡生产的人员比例，最大限度地降低生产成本。

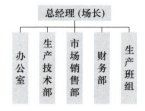

2. 合理安排人员

土鸡养殖是一项脏、苦而又专业性强的工作，所以必须根据工作性质来合理安排人员，知人善用，充分调动饲养管理人员的劳动积极性，不断提高专业技术水平。

3. 健全岗位责任制

岗位责任制规定了鸡场每一个员工的工作任务、工作目标和标准。完成者奖励，完不成者惩罚，不仅可以保证鸡场各项工作顺利完成，而且能够充分调动员工的积极性，使生产完成得更好，生产的产品更多，各种消耗更少。

4. 制定完善规章制度

有了完善的规章制度，可以做到有章可循，规范鸡场员工行为，保证各项工作有序进行。

5. 制定技术操作规程

鸡场的技术规程即日常工作的技术规范。应从技术层面上制定土鸡不同生产阶段的各项饲养管理技术规程、兽医卫生和防疫制度等。

四、记录管理

记录管理就是将土鸡场生产经营活动中的人、财、物等消耗情况及有关事情记录在案，并进行规范、计算和分析。记录可以反映土鸡场生产经营活动的状况，是经济核算的基础，是提高土鸡场管理水平和效益的保证，土鸡场必须加强记录管理。

1. 鸡场记录的原则

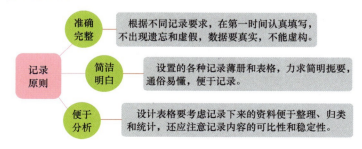

2. 鸡场的记录表格

肉蛋兼用型土鸡产蛋和饲料消耗记录表

品种 _____　　　鸡舍栋号 _____　　　填表人 _____

日期	日龄	鸡数/只	死亡淘汰数/只	饲料消耗/千克		产蛋量				饲养管理情况	其他情况
				总耗量	只耗量	数量/枚	重量/千克	破蛋率/%	只日产蛋量/克		

商品土鸡和饲料消耗记录表

品种 _____　　　鸡舍栋号 _____　　　填表人 _____

日期	日龄	鸡数/只	死亡淘汰数/只	饲料消耗/千克		饲养管理情况	其他情况
				总耗量	只耗量		

疫苗药品购、领记录表　　　填表人：

购入日期	疫苗（药品）名称	规格	生产厂家	批准文号	生产批号	来源（经销点）	购入数量	发出数量	结存数量

疫苗免疫记录表　　　填表人：

免疫日期	疫苗名称	生产厂家	免疫动物批次日龄	栋号	免疫数/只	免疫次数	存栏数/只	免疫方法	免疫剂量（毫升/只）	责任兽医

消毒记录表　　　填表人：

消毒日期	消毒药名称	生产厂家	消毒场所	配制浓度	消毒方式	操作者

购买饲料原料记录表

日期	饲料品种	货主	级别	单价	数量	金额	化验结果	化验员	经手人	备注

产品销售记录表

日期	产品名称	单价	数量	金额	经手人	备注

收支记录表

收入		支出		备注
项目	金额/元	项目	金额/元	
合计				

五、资产管理

1. 流动资产管理

流动资产是指可以在1年内或者超过1年的1个营业周期内变现或者运用的资产。流动资产周转状况影响到产品的成本，只有加快流动资产周转，提高流动资产利用率，才能降低产品成本。

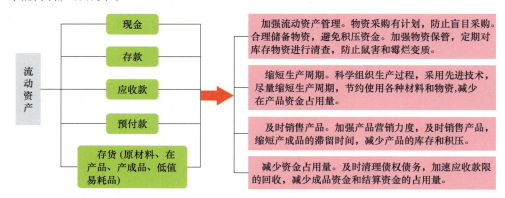

2. 固定资产管理

固定资产是指使用年限在1年以上，单位价值在规定的标准以上，并且在使用中长期保持其实物形态的各项资产。鸡场的固定资产主要包括建筑物、道路、种用土鸡，以及其他与生产经营有关的设备、器具、工具等。

（1）固定资产的折旧　固定资产长期使用中，在物质上要受到磨损，在价值上要发生损耗。使用过程中由于损耗而发生的价值转移，称为折旧，由于固定资产损耗而转移到产品中去的那部分价值叫折旧费或折旧额，用于固定资产的更新改造。一般采用平均年限法和工作量法进行计算。

1）平均年限法。它是根据固定资产的使用年限，平均计算各个时期的折旧额，因此也称直线法。其计算公式：

$$固定资产年折旧额 = \frac{[固定资产原值-(预计残值-清理费用)]}{固定资产预计使用年限}$$

$$固定资产年折旧率 = \frac{(固定资产年折旧额)}{固定资产原值} \times 100\%$$

$$= \frac{(1-净残值率)}{折旧年限} \times 100\%$$

2）工作量法。它是按照使用某项固定资产所提供的工作量，计算出单位工作量平均应计提折旧额后，再按各期使用固定资产所实际完成的工作量，计算应计提的折旧额。这种折旧计算方法，适用于一些机械等专用设备。其计算公式为：

$$\frac{单位工作量（单位里程或}{每工作小时）折旧额} = \frac{（固定资产原值-预计净残值）}{总工作量（总行使里程或总工作小时）}$$

（2）提高固定资产利用效果的途径　一是根据轻重缓急，合理购置和建设固定资产，把资金使用在经济效益最大而且在生产上迫切需要的项目上；二是购置和建造固定资产要量力而行，做到与单位的生产规模和财力相适应；三是各类固定资产务求配套完备，注意加强设备的通用性和适用性，使固定资产能充分发挥效用；四是建立严格的使用、保养和管理制度，对不需用的固定资产应及时采取措施，以免浪费，注意提高机器设备的时间利用强度和它的生产能力的利用程度。

六、成本核算

产品的生产过程，同时也是生产的耗费过程。企业要生产产品，就会发生各种生产耗费。生产过程的耗费包括劳动对象（如饲料）的耗费、劳动手段（如生产工具）的耗费及劳动力的耗费等。企业为生产一定数量和种类的产品而发生的直接材料费（包括直接用于产品生产的原材料、燃料动力费等）、直接人工费用（直接参加产品生产的工人工资及福利费）和间接制造费用的总和构成产品成本。

1. 成本核算的作用

产品成本是一项综合性很强的经济指标，它反映了企业的技术实力和整个经营状况。鸡场通过成本和费用核算，可发现成本升降原因，降低成本费用和生产耗费，提高盈利能力。

2. 做好成本核算的基础工作

（1）建立健全各项原始记录　原始记录是计算产品成本的依据，直接影响着产品成本计算的准确性。如果原始记录不实，就不能正确反映生产耗费和生产成果，成本核算就失去了意义。

（2）建立健全各项定额管理制度　鸡场要制定各项生产要素的耗费标准（定额）。不管是饲料、燃料动力、还是费用工时、资金占用等，都应制定比较先进、切实可行的定额。

（3）加强财产物资的计量、验收、保管、收发和盘点制度　财产物资的实物核算是其价值核算的基础。做好各种物资的计量、收集和保管工作，是加强成本管理、正确计算产品成本的前提条件。

3. 鸡场成本的构成

◀ 鸡场成本主要有七项构成。从构成成本比重来看，饲料费、雏鸡或育成鸡的饲养费、人工费、固定资产折旧维修费、利息和税金五项金额较大，是成本项目构成的主要部分，应当重点控制。

4. 成本计算方法

1）每个种蛋成本（元/枚）=［期初存栏蛋鸡价值+购入土种鸡价值+本期土种鸡

饲养费用−期末土种鸡存栏价值−淘汰出售土种鸡价值−鸡粪收入〕（元）/本期出售种蛋数（枚）。

2）每千克鸡蛋成本（元／千克)=〔期初存栏肉蛋兼用型土鸡价值+购入肉蛋兼用型土鸡价值+本期肉蛋兼用型土鸡饲养费用−期末肉蛋兼用型土鸡存栏价值−淘汰出售肉蛋兼用型土鸡价值−鸡粪收入〕（元)/本期产蛋总重量（千克）。

3）每千克商品土鸡成本（元／千克)=〔商品土鸡雏鸡价值+购入商品土鸡价值+本期商品土鸡饲养费用−期末商品土鸡存栏价值−淘汰出售商品土鸡价值−鸡粪收入〕(元)/本期商品土鸡总重量（千克）。

08

第八章

土鸡的疾病防治

第一节　综合防治措施

综合防治措施主要包括科学饲养管理、隔离和卫生、消毒、免疫接种和药物防治。

一、科学饲养管理

饲养管理工作不仅影响土鸡的生长发育，更影响到土鸡的健康和抗病能力。只有科学的饲养管理，才能维持机体健壮，增强机体的抵抗力和抗病力。

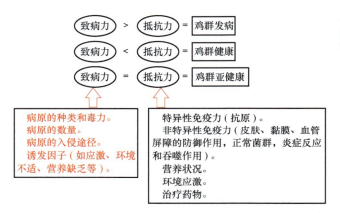

◀ 疾病的发生是致病力和抵抗力之间的较量，抵抗力强于致病力，就不会引发疾病。

▶ 增强鸡体抵抗力的饲养管理措施。

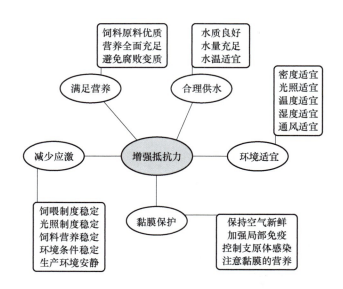

二、隔离和卫生

1. 做好隔离

（1）选好场址并合理规划布局

◀ 土鸡场要远离市区、村庄和居民点，远离屠宰场、畜产品加工厂等污染源，周围最好有林地、河流、山川等作为天然屏障。土鸡场的管理区、生产区和隔离区要相互隔离。

（2）鸡场隔离

1）车辆和循环使用的集蛋箱、蛋盘进入鸡场前应彻底消毒，以防带入疾病。最好使用一次性集蛋箱和蛋盘。

▲ 土鸡养殖场大门口的车辆消毒设施。进入场区的车辆要进行车轮消毒和车体喷雾消毒。

2）鸡场谢绝人员参观，不可避免时，应严格按防疫要求消毒后方可进入。

▲ 土鸡养殖场大门口的人员消毒（左图：雾化中的人员通道；右图：更衣室紫外线灯消毒）。

3）禁止其他养殖户、鸡蛋收购商和死鸡贩子进入鸡场，病鸡和死鸡经疾病诊断后应深埋，并做好消毒工作。

◀ 严禁销售和随处乱丢病死鸡。禁止收购病死鸡的人员和车辆进入鸡场。

◀ 饲养人员工作前要用对手进行清洗和消毒。

◀ 土鸡养殖场周围应有围墙。进入鸡场的车辆要消毒。

（3）采用全进全出的饲养制度　"全进全出"使鸡场能够做到净场和充分的消毒，切断了疾病传播的途径，从而避免患病鸡或病原携带者将病原传染给日龄较小的鸡群。

（4）到洁净的种鸡场订购雏鸡　种鸡场污染严重，引种时也会带来病原微生物，特别是有很多种鸡场管理不善，净化不严，更应高度重视。

◀ 到环境条件好、管理严格、净化彻底、信誉度高、有种畜种禽经营许可证的种鸡场订购雏鸡，避免引种带来污染。

2. 搞好卫生

（1）保持鸡舍和鸡舍周围环境卫生

1）及时清理鸡舍的污物、污水和垃圾，定期打扫鸡舍顶棚和设备用具，每天进行适量通风，保持鸡舍清洁卫生。

2）不在鸡舍周围和道路上堆放废弃物和垃圾。

（2）保持饲料和饮水卫生

1）饲料不霉变，不被病原污染，饲喂用具勤清洁消毒。

2）饮用水符合卫生标准（人可以饮用的水，鸡也可以饮用），水质良好，饮水用具要清洁，饮水系统要定期消毒。

（3）废弃物处理　废弃物要做无害化处理。

（4）防害灭鼠

1）保持舍内干燥和清洁，夏季使用化学杀虫剂等，防止昆虫滋生繁殖。

2）老鼠危害极大，每2~3个月进行一次彻底灭鼠。

（5）放养场地的卫生

1）如果放养，土鸡宜采取全进全出制，每出栏一批（群）鸡后清理卫生，全面消毒，并间隔20~30天后，再放养第二批鸡。

2）放养面积较大，可实行分区轮放，在一个区域放养1~2年后，再轮牧到另一区域，让其自然净化1~2年以上，消毒后再放养比较理想。

三、消毒

土鸡场消毒就是将养殖环境、养殖器具、动物体表、进入的人员或物品、动物产品等存在的微生物全部或部分杀灭或清除掉的方法。消毒的目的在于消灭被病原微生物污染的场内环境、动物体表面及设备器具上的病原体，切断传播途径，防止疾病的发生或蔓延。

1. 消毒的方法

（1）机械性清除

1）用冲洗、清扫、铲刮等机械方法清除降尘、污物及沾染的墙壁、地面，以及设备上的粪尿、残余的饲料、废物、垃圾等，这样可除掉70%的病原，并为药物消毒创造条件。

◀ 使用高压水冲洗地面、墙壁、设备等污物，减少微生物数量。

2）适当通风，特别是在冬、春季，可在短时间内迅速降低舍内病原微生物的数量，加快舍内水分蒸发，保持干燥，可使除芽孢、虫卵以外的病原失活，起到消毒作用。

（2）物理消毒法

1）紫外线消毒法。利用太阳中的紫外线或安装波长为280~240纳米紫外线灭菌灯等可以杀灭病原微生物。一般病毒和非芽孢的菌体，在阳光直射下，只需要几分钟到1小时就能被杀死。即使是抵抗力很强的芽孢，在连续几天的强烈阳光下反复暴晒也可变弱或被杀死。利用阳光消毒运动场及移出舍外的已清洗的设备与用具等，既经济又简便。

◀ 紫外线灭菌灯。

2）高温消毒法。高温消毒主要有火焰、煮沸与蒸汽等形式。

◀ 酒精喷灯的火焰可杀灭地面、耐高温的网面上的微生物，但不能对塑料、木制品和其他易燃物品进行消毒，消毒时应注意防火。另外，对有些耐高温的芽孢（破伤风梭状芽孢杆菌芽孢、炭疽杆菌芽孢），使用火焰喷射，靠短暂高温来消毒，效果难以保证。

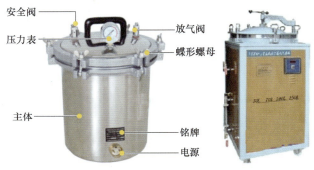

安全阀　　放气阀
压力表　　蝶形螺母
主体　　　铭牌
　　　　　电源

▲ 蒸汽灭菌，设备主要有手提式下排气压力蒸汽灭菌锅（左）和高压灭菌器（右）。

（3）化学药物消毒法　这是利用化学药物杀灭病原微生物以达到预防感染和传染病的传播和流行的方法。使用的化学药品称化学消毒剂，此法在养鸡生产中是最常用的方法。

（4）生物消毒法　指利用生物技术将病原微生物杀灭或清除的方法。

◀ 如堆积粪便进行需氧或厌氧发酵，产生一定的高温可以杀死粪便中的病原微生物。

2. 化学消毒剂的使用方法

◀ 浸泡法。用于消毒器械、用具、衣物等。洗涤干净后再行浸泡，药液要浸过物体，浸泡时间长些为好，水温高些为好。在鸡舍进门处的消毒槽内，可用浸泡药物的草垫或草袋对人员的靴鞋消毒。

► 喷洒法。用喷壶或喷雾器将药液喷洒在地面、墙壁、舍内固定设备等上面。喷洒要全面，药液要喷到物体的各个部位。

◄ 熏蒸消毒。适用于可以密闭的鸡舍。这种方法简便、省事，对房屋结构无损，消毒全面，鸡场常用。常用的药物有福尔马林、过氧乙酸溶液。为加速蒸发，常配伍高锰酸钾催化。

► 气雾法。长时间悬浮在空气中的气体与液体的气雾粒子（直径小于200 纳米），可到处漂移穿透到对舍内及其空隙。气雾发生器喷射出的含有消毒液的雾状微粒，是消灭气携病原微生物的理想办法。

3. 常用的化学消毒剂（表8-1）

表 8-1　常用的化学消毒剂及其特性

类型	概述	机制	产品	效果
含氯消毒剂	在水中能产生具有杀菌作用的活性次氯酸的一类消毒剂，包括有机含氯消毒剂和无机含氯消毒剂	氧化作用（氧化微生物细胞使其丧失去生物学活性）；氯化作用（与微生物蛋白质形成氮-氯复合物而干扰细胞代谢）；臭氧的杀菌作用（次氯酸分解出具有极强氧化性的臭氧杀灭微生物）	优氯净、强力消毒净、速效净、消洗液、消佳净、84消毒液、二氯异氰尿酸、三氯异氰尿酸复方制剂	杀灭肠杆菌、肠球菌、结核分支杆菌、金色葡萄球菌，以及新城疫、传染性法氏囊病的病原菌
氧化剂类	氧化剂是一些含不稳定结合态氧的化合物	分解后产生的各种自由基，如巯基、活性氧衍生物等破坏微生物的通透性屏障、蛋白质、氨基酸、酶和DNA等，最终导致微生物死亡	过氧化氢（双氧水）、过氧乙酸、高锰酸钾	过氧化氢可快速灭活多种微生物。过氧乙酸可杀灭多种细菌；臭氧可杀灭细菌繁殖体、病毒、真菌芽孢，以及原虫和虫卵

（续）

类型	概述	机制	产品	效果
醛类消毒剂	醛类消毒剂是使用最早的一类化学消毒剂	可与菌体蛋白质中的氨基结合使其变性或使蛋白质分子烷基化，与细胞壁脂蛋白发生交联，与细胞磷壁酸中的酯联残基形成侧链，封闭细胞壁，阻碍微生物对营养物质的吸收和废物的排出	戊二醛、甲醛、丁二醛、乙二醛，以及它们的复合制剂	杀灭细菌、芽孢、真菌和病毒
碘消毒剂	包括碘及以碘为主要成分的各种制剂	碘的正离子与酶系统中蛋白质的氨基酸起亲电取代反应，使蛋白质失活；碘的正离子具有氧化性，能氧化膜联酶中的硫氢基，形成二硫键，破坏酶活性	强力碘、威力碘、PVPI、89-I 型消毒剂、喷雾灵	杀死细菌、真菌、芽孢、病毒、结核杆菌、阴道毛滴虫、梅毒螺旋体、沙眼衣原体、藻类
表面活性剂	表面活性剂又称清洁剂或除污剂。生产中常用阳离子表面活性剂，其抗菌谱广	吸附到菌体表面，改变细胞渗透性，溶解损伤细胞使菌体破裂，胞内容物外流；表面活性物在菌体表面富集，阻碍细菌代谢，使细胞结构紊乱；渗透到菌体内使蛋白质发生变性和沉淀；破坏细菌酶系统	新洁尔灭、度米芬、百毒杀、凯威1210、K 安、消毒净	对各种细菌有效，对常见病毒如马立克氏病毒、新城疫病毒、猪瘟病毒、传染性法氏囊病病毒、口蹄疫病毒均有良好的效果。对无囊膜的病毒消毒效果不好
复合酚类	含酚 41%～49%、醋酸 22%～26%的复合酚制剂，是我国生产的一种新型、广谱、高效消毒剂	它通过使微生物原浆蛋白质变性、沉淀或使氧化酶、脱氢酶、催化酶失去活性而产生杀菌或抑菌作用	菌毒敌、消毒灵、农乐、畜禽安、杀特灵等	对细菌、真菌和带囊膜病毒具有灭活作用。对多种寄生虫卵也有一定杀灭作用。对人畜有毒，且气味滞留，常用于空舍消毒
醇类消毒剂		使蛋白质变性沉淀；快速渗透过细菌细胞壁进入菌体内，溶解破坏细菌细胞；抑制细菌酶系统，阻碍细菌正常代谢	乙醇、异丙醇	可快速杀灭多种微生物，如细菌繁殖体、真菌和多种病毒，但不能杀灭细菌芽孢
双胍类消毒剂		破坏细胞膜；抑制细菌酶系统；直接凝集细胞质	氯己定	广谱抑菌，对细菌繁殖体杀灭作用强，但不能杀灭芽孢、真菌和病毒
强碱		由于氢氧根离子可以水解蛋白质和核酸，使微生物结构和酶系统受到损害，同时可分解菌体中的糖类而杀灭细菌和病毒	氢氧化钠、氢氧化钾、生石灰	可杀灭细菌、病毒和真菌，腐蚀性强

（续）

类型	概述	机制	产品	效果
重金属类	消毒剂	重金属指汞、银、锌等，其盐类化合物能与细菌蛋白结合，使蛋白质沉淀而发挥杀菌作用	硫柳汞	高浓度可杀菌，低浓度时仅有抑菌作用
高效复合消毒剂		首先分解或穿透覆盖病原微生物表面的异物，然后非特异性的诱导微生物运动，吸引和包裹病原，借助其通透能力溶解病原细胞的胞膜、胞壁或病毒囊膜或与病原细胞某分子结合	高迪-HB（由多种季铵盐、络合盐、戊二醛、非离子表面活性剂、增效剂和稳定剂构成）	消毒杀菌作用广谱高效，对各种病原微生物有强大的杀灭作用，作用机制完善，超常稳定，使用安全，应用广泛

4. 鸡场的消毒程序

（1）**场区入口消毒** 场区入口设置车辆消毒池和人员消毒室。消毒池内的消毒液可以使用消毒作用时间长的复合酚类和3%～5%氢氧化钠溶液，最好再设置喷雾消毒装置，喷雾消毒液可用1：1000的氯制剂；人员消毒室设置淋浴装置、熏蒸衣柜和场区工作服，进入人员必须淋浴，换上清洁消毒好的工作衣帽和靴后方可进入，工作服不准穿出生产区，定期更换清洗消毒。进入场区的所有物品、用具都要消毒。

（2）**日常消毒** 工作人员进入鸡舍和饲喂前都要进行消毒。

◀ 工作人员工作前要用洗手消毒。消毒后30分钟内不要用清水洗手。

▶ 场区及鸡舍周围每周消毒1～2次，可以使用5%～8%氢氧化钠溶液进行喷洒。特别要注意鸡场道路和鸡舍周围的消毒。

◀ 发生疫情时的消毒措施。

（3）鸡舍消毒　鸡淘汰或转群后，将鸡舍内可以移出的设备用具移到舍外进行清洁、消毒。然后对鸡舍进行彻底全面消毒。

◄ 先清理鸡舍内的粪便、垃圾和污染物质。

► 清理后进行全面彻底的清扫。清扫顺序是屋顶、墙壁、设备、舍内地面。为减少粉尘，清扫前可以喷雾消毒。

◄ 清理、清扫后用高压水枪将鸡舍的屋顶、墙壁，以及可以冲洗的设备和地面等舍内的角角落落冲洗干净，不留一点污物。

▲ 冲洗待干燥后用5%~8%氢氧化钠溶液喷洒地面、墙壁、屋顶、笼具、饲槽等2~3次，用清水洗刷饲槽和饮水器。其他不易用水冲洗和氢氧化钠消毒的设备可以用其他消毒液擦拭。将移出的设备移入舍内安装好待用。

◄ 能封闭的鸡舍，最后用甲醛和高锰酸钾进行熏蒸消毒。每立方米空间用福尔马林28毫升、高锰酸钾14毫升（污染严重的鸡舍可用42毫升福尔马林、21克高锰酸钾）熏蒸24~48小时。

▶ 地面饲养时，进鸡前可以在地面撒一层新鲜的生石灰，对地面进行消毒，也有利于地面干燥。

◀ 放养场地的喷雾消毒。

（4）带鸡消毒　在鸡舍有鸡时，用消毒药物对鸡舍进行消毒。带鸡消毒可以对鸡舍进行彻底的全面消毒，降低鸡舍空气中的粉尘、氨气含量，夏季有利于降温和减少热应激死亡。

▲ 平常每周带鸡消毒 1~2 次，发生疫病期间每天带鸡消毒 1 次。选用高效、低毒、广谱、无刺激性的消毒药（如 0.3%过氧乙酸或 0.05%~0.1%百毒杀等）。冬季寒冷，不要把鸡体喷得太湿，消毒药可以使用温水稀释。

四、免疫接种

免疫接种通常是使用疫苗和菌苗等生物制剂作为抗原接种于家禽体内，激发抗体产生特异性免疫力。

1. 疫苗选择及使用

疫苗是将病毒（或细菌）减弱或灭活，失去原有致病性而仍具有良好的抗原性用于预防传染病的一类生物制剂，接种动物后能产生主动免疫，产生特异性免疫力。疫苗选择和使用影响免疫效果，选择优质疫苗并科学使用。

◀ 购买的疫苗应是国家指定的有生产批准文号的兽药生物制品生产单位生产的经检验证明免疫性好的疫苗。不同生产单位生产的疫苗，免疫效果可能会有差异，选购时要注意。

◀ 要检查疫苗，有瓶签和说明书，不过期，瓶完好无损，瓶塞不松动，瓶内疫苗性状与说明书一致时才能购买，否则不能购买。

◀ 运输前妥善包装，防止碰破流失。运输中避免高温和日晒，应在低温下冷链运送。量大时用冷藏车运送，量小时用装有冰块的冷藏盒运送。

◀ 疫苗运达目的地后要尽快放入冰箱内保存，疫苗摆放有序。活疫苗冷冻保存，灭活苗冷藏保存。疫苗要有专人负责，并登记造册，月底盘点。保证冰箱供电正常。

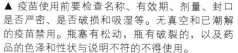

▲ 疫苗使用前要检查名称、有效期、剂量、封口是否严密、是否破损和吸湿等。无真空和已潮解的疫苗禁用。瓶塞有松动，瓶有破裂的，以及药品的色泽和性状与说明不符的不得使用。

▲ 对需要特殊稀释的疫苗，应用指定的稀释液，如马立克氏病疫苗有专用稀释液。其他的疫苗一般可用生理盐水或蒸馏水稀释。

　　稀释过程一般应分级进行，对疫苗瓶一般应用稀释液冲洗2~3次，疫苗放入稀释器皿中要上下振摇，力求稀释均匀；稀释好的疫苗应尽快用完，尚未使用的疫苗也应放在冰箱或冰桶中冷藏；对于液氮保存的马立克氏病疫苗的稀释，则应严格按生产厂家提供的操作程序执行。

2. 免疫接种方法及注意事项

（1）饮水免疫

1）特点。饮水免疫避免了逐只抓捉，可减少劳动力消耗和鸡群应激，但影响的因素较多，免疫效果不太确切。

2）操作方法。将疫苗稀释于饮水中，让鸡饮用获得需要的疫苗剂量。

3）注意事项。

① 选用高效的活毒疫苗。

② 稀释用水为凉开水或蒸馏水，水温要低。水中不应含有能灭活疫苗病毒或细菌的物质。

③ 饮水免疫期间，饲料中也不应含有能灭活疫苗病毒和细菌的药物。

④ 饮水中加入 0.1%～0.3% 脱脂乳或山梨糖醇，以保护疫苗的效价。

⑤ 供给含疫苗的饮水之前 2～4 小时应停止饮水供应（视天气而定），可使每一只鸡在短时间均能摄入足够量的疫苗。

⑥ 稀释疫苗所用的水量应根据鸡的日龄及当时的室温来确定，使疫苗稀释液在1～2 小时内全部饮完。

⑦ 为使鸡群得到均匀的免疫效果，饮水器应充足，使鸡群 2/3 以上的鸡同时有饮水的位置。

⑧ 饮水器不得置于直射阳光下，如风沙较大时，饮水器应全部放在室内。

⑨ 夏季天气炎热时，饮水免疫最好在早上完成。

（2）滴眼滴鼻

1）特点。操作得当，效果比较确实，尤其对一些预防呼吸道疾病的疫苗，免疫效果较好。但这种方法需要较多的劳动力，对鸡也会造成一定应激，操作上稍有马虎，则往往达不到预期的目的。

2）操作方法。一手握鸡，一手拿滴管，用滴管吸取疫苗，滴入鸡的眼睛或鼻孔内 1～2 滴。在滴入疫苗之前，应把鸡的头颈摆成水平位置（一侧眼鼻朝天，一侧眼鼻朝地），并用一只手指按住朝向地面一侧的鼻孔，在将疫苗液滴加到眼或鼻上以后，应稍停片刻，待疫苗液确已吸入后再将鸡轻轻放回地面。

3）注意事项。

① 稀释液必须用蒸馏水或生理盐水，最低限度地应用冷开水，不要随便加入抗菌药物。

② 稀释液的用量应尽量准确，最好根据自己所用的滴管或针头事先滴试，确定每毫升多少滴，然后再计算实际使用疫苗稀释液的用量。

③ 一次一只手只能抓一只鸡，保证疫苗被吸收。

④ 注意做好已接种和未接种鸡之间的隔离，以免走乱。

⑤ 最好在晚上接种，如天气阴凉也可在白天适当关闭门窗后，在稍暗的光线下抓鸡接种，以减少应激。

（3）肌内或皮下注射

1）特点。肌内或皮下注射免疫接种的剂量准确、效果确实，但耗费劳动力较多，应激较大。

2）操作方法。多采用连续注射器进行注射。

▲ 皮下注射的部位一般选在颈部背侧，肌内注射部位一般选在胸肌或肩关节附近的肌肉丰满处。颈部皮下注射时，针头方向应向后向下，针头方向与颈部纵轴基本平行。插入深度为雏鸡 0.5~1 厘米，大鸡 1~2 厘米；胸部肌内注射时，针头方向应与胸骨大致平行，插入深度为雏鸡 0.5~1 厘米，大鸡 1~2 厘米。在将疫苗液推入后，针头应慢慢拔出，以免疫苗液漏出。

3）注意事项。

① 疫苗稀释液应是经消毒而无菌的，一般不要随便加入抗菌药物。

② 疫苗的稀释和注射量应适当，量太小则操作时误差较大，量太大则操作麻烦，一般以每只 0.2~1 毫升为宜。

③ 使用连续注射器注射时，应经常核对注射器刻度容量和实际容量之间的误差，以免实际注射量偏差太大。

④ 注射器及针头用前应消毒。在注射过程中，应边注射边摇动疫苗瓶，力求疫苗的均匀。

⑤ 在接种过程中，应先注射健康群，再接种假定健康群，最后接种有病的鸡群。

⑥ 关于是否一只鸡一个针头及注射部位是否消毒的问题，可根据实际情况而定。但吸取疫苗的针头和注射鸡的针头则绝对应分开，注意卫生以防止经免疫注射而引起疾病的传播或引起接种部位的局部感染。

（4）气雾免疫

1）特点。气雾免疫可节省大量的劳动力，如果操作得当，效果甚好，尤其是对呼吸道有亲嗜性的疫苗效果更佳，但气雾免疫也容易引起鸡群的应激，尤其容易引起鸡败血支原体感染。

2）操作方法。使用气雾机进行气雾免疫。

◀ 将稀释好的疫苗放入气雾机内，对鸡群进行气雾免疫，使鸡呼吸道疫苗颗粒刺激鸡体以获得抗体。

3）注意事项。

① 气雾免疫前应对气雾机的各种性能进行测试，以确定雾滴的大小、稀释液用量、喷口与鸡群的距离（高度），操作人员的行进速度等，以便在实施时参照进行。

② 选择高效疫苗。疫苗的稀释应用去离子水或蒸馏水，不得用自来水、开水或井水。稀释液中应加入0.1%的脱脂乳或3%~5%的甘油。

③ 稀释液的用量因气雾机及鸡群的平养、笼养密度而异，应严格按说明书推荐用量使用。

④ 气雾免疫前后几天，在饲料或饮水中添加适当的抗菌药物，预防慢性呼吸道病的暴发。

⑤ 严格控制雾滴粒子大小，建议8周龄以内雏鸡雾滴粒子的直径为80微米以上；8周龄以上的鸡雾滴粒子的直径为30~40微米。

⑥ 气雾免疫期间，应关闭鸡舍所有门窗，停止使用风扇或抽气机，在停止喷雾20~30分钟后，才可开启门窗和启动风扇（视室温而定）。

⑦ 气雾免疫时，鸡舍内温度应适宜，温度太低或太高均不宜进行气雾免疫，如气温较高，可在晚间较凉快时进行；鸡舍内的相对湿度对气雾免疫也有影响，一般相对湿度在70%左右最为合适。

⑧ 实施气雾免疫时气雾机喷头在鸡群上方50~80厘米处，对准鸡头来回移动喷雾，使气雾全面覆盖鸡群，以鸡群在气雾后头背部羽毛略有潮湿感为宜。

（5）皮下刺种

1）特点。皮下刺种对禽痘免疫效果较好，但耗费劳动力，需要检查接种效果。

2）操作方法。拉开一侧翅膀，抹开翼翅上的绒毛，刺种者将蘸有疫苗的刺种针从翅膀内侧对准翼膜用力快速穿透，使针上的凹槽露出翼膜。

3）注意事项。

① 每次刺种针蘸苗都要保证两凹槽能浸在疫苗液面以下，出瓶时将针在瓶口擦一下，将多余疫苗擦去。

② 在针刺过程中，要避免针槽碰上羽毛以防疫苗溶液被擦去，也应避免刺伤骨头和血管。

③ 为防止传播疾病，每刺种完一群鸡要更换刺种针。

④ 在接种后6~8天，接种部位可见到或摸到1~2个谷粒大小的结节，中央有1块干痂。若反应灶大且有干酪样物，则表明有污染；若无反应出现，则可能是鸡群已有免疫力，或接种方法有误，疫苗保存运输不当，曾受阳光暴晒或受热，以及疫苗本身质量问题。一般至少应有2%的鸡只有局部红肿反应现象。

3. 免疫程序

鸡场根据本地区、本场疫病发生情况（疫病流行种类、季节、易感日龄）、疫苗性质（疫苗种类、方法、免疫期）和其他情况制订适合本场的一个科学免疫计划称作免疫程序。

各饲养者应根据鸡的品种、饲养环境、防疫条件、抗体监测等制订出适合当地实际的免疫程序（表8-2、表8-3）。

表8-2 土种鸡和肉蛋兼用型土鸡的免疫参考程序

日龄	疫苗	接种方法
1	马立克氏病疫苗	皮下或肌内注射，0.2毫升/只
7~10	新城疫+传染性支气管炎弱毒苗（H120）	滴鼻或点眼
	复合新城疫+多价传染性支气管炎灭活苗	颈部皮下注射，0.3毫升/只
14~16	传染性法氏囊病弱毒苗	饮水
20~25	新城疫Ⅱ或Ⅳ系+传染性支气管炎弱毒苗（H52）	气雾、滴鼻或点眼
	禽流感灭活苗	皮下注射，0.3毫升/只
30~35	传染性法氏囊病弱毒苗	饮水
40	鸡痘疫苗	翅膀内侧刺种或翅膀内侧皮下注射，0.1毫升/只
60	传染性喉气管炎弱毒苗	点眼
80	新城疫Ⅰ系疫苗	肌内注射，0.5毫升/只
90	传染性喉气管炎弱毒苗	点眼
110~120	传染性脑脊髓炎弱毒苗（土蛋鸡不免疫）	饮水
	新城疫+传染性支气管炎+减蛋综合征油苗	肌内注射，0.5毫升/只
	禽流感油苗	皮下注射，0.5毫升/只
	传染性法氏囊病油苗（土蛋鸡不免疫）	肌内注射，0.5毫升/只
280	鸡痘弱毒苗	翅膀内侧刺种或皮下注射，0.1毫升/只

表 8-3 放养商品土鸡免疫参考程序

日龄	疫苗名称	接种途径	剂量	备注
1	马立克氏病疫苗	皮下注射	1~1.5 头份	出壳后强制免疫
5	鸡传染性支气管炎（H120）疫苗	滴鼻滴眼	1 头份	
7	鸡痘弱毒冻干疫苗	刺种	1 头份	夏、秋季使用
10	鸡传染性法氏囊病弱毒疫苗	饮水	2 头份	
14	新城疫Ⅳ系弱毒疫苗（或克隆 30）	饮水	2 头份	强制免疫
15	禽流感油乳制灭活疫苗（H5、H9）	皮下注射	0.3 毫升	强制免疫
20	鸡传染性法氏囊病弱毒疫苗	饮水	2 头份	
30	新城疫 LaSota 系或Ⅱ系疫苗	饮水	2 头份	强制免疫
34	禽流感油乳制灭活疫苗（H5、H9）	肌内注射	0.3~0.5 毫升	强制免疫
45	传染性支气管炎弱毒疫苗（H52）	饮水	2 头份	
60	鸡新城疫Ⅰ系弱毒疫苗	肌内注射	1 头份	若放养周期为 180 日龄，免疫推迟到 100 日龄

五、药物防治

合理使用药物有利于细菌性和寄生虫病的防治，但不能完全依赖和滥用药物。土鸡药物防治程序见表 8-4。

表 8-4 土鸡药物防治程序

病名	预防和治疗
鸡白痢和大肠杆菌病	1~25 日龄，氟苯尼考按 1%~1.2%饮水，连用 5~6 天；再用盐酸土霉素 0.02%~0.05%拌料，连用 5~7 天
大肠杆菌和支原体病	20~35 日龄，用磺胺类药物，如磺胺间甲氧嘧啶（SMM）或磺胺对甲氧嘧啶（SMD）0.05%~0.1%拌料，连用 5~7 天；然后用泰乐菌素 0.05%~0.1%饮水或罗红霉素 0.005%~0.02%饮水，连用 5~7 天
组织滴虫病	要注意雏鸡的驱虫，一般在 15 日龄可用阿苯达唑 5 毫克/千克体重进行驱虫。发生本病时，对鸡群可使用甲硝唑（灭滴灵），按 0.025%的比例拌料，连喂 2~3 天，对个别重症病鸡可用本药 1.25%悬浮液直接滴服，用量为 1 毫升/羽，每天 2~3 次，连用 2~3 天
球虫病	鸡只在 2 周龄后可用马杜霉素、氨丙啉等添加在饲料中，定期预防。发病时可用磺胺对甲氧嘧啶、常山酮、青霉素等进行治疗
绦虫病	每批鸡要定期驱虫 2~3 次，发病时可用氯硝柳胺 100~300 毫克/千克体重，阿苯达唑 10 毫克/千克体重进行治疗。预防用量减半
蛔虫病	每批鸡要定期驱虫 1~2 次，发病时可用左旋咪唑、阿苯达唑 10 毫克/千克体重，枸橼酸哌嗪 250 毫克/千克体重进行治疗。预防用量减半

第二节　常见病防治

一、传染病

1. 禽流感（Avian Influenza，AI）

禽流感又称欧洲鸡瘟或真性鸡瘟，是由 A 型流感病毒（A 型流感病毒不仅血清型多，而且自然界中带毒动物多、毒株易变异）引起的一种急性、高度接触性和致病性传染病。

（1）**临床症状**　蛋皮色浅，蛋壳薄，烂蛋多，产蛋率下降；病鸡肿头，流眼泪，呼吸声急促，有痰鸣音，排黄白、黄绿或石灰水样粪便，腿部有出血点。

▲ 精神沉郁，肿头，眼睛周围浮肿，肉髯肿胀、出血和坏死，鸡冠发紫、出血、坏死。

▲ 病鸡腿部和趾部皮下出血水肿。

（2）**病理变化**　食道黏膜出血；腺胃肿胀；泄殖腔严重出血，胰腺出血，心冠脂肪不同程度出血，气管黏膜出血。输卵管中有大量干酪样渗出物。

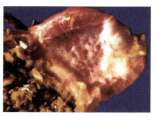

▲ 病鸡腺胃乳头出血溃疡，黏膜上附有脓性分泌物。肌胃肌层出血，内膜易剥离，皱褶处有出血斑。

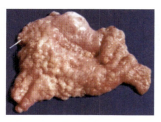

▲ 病鸡输卵管子宫黏膜水肿。

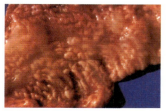

▲ 病鸡发生输卵管炎，输卵管水肿，内有白色黏稠分泌物。

▲ 病鸡卵黄变性、坏死，发生卵黄性腹膜炎。

（3）防治措施

1）加强隔离卫生管理。

2）免疫接种。

3）发病后措施。鸡群发生高致病性禽流感应坚决执行封锁、隔离、消毒、扑杀等措施；如发生中、低致病性禽流感时每天可用过氧乙酸、次氯酸钠等消毒剂带禽消毒1~2次并使用抗病毒药物、抗菌药物、营养增强剂等进行治疗。

2. 鸡新城疫（Newcastle Disease，ND）

鸡新城疫（鸡瘟）是由副黏病毒引起的一种主要侵害鸡和火鸡的急性、高度接触性和高度毁灭性的疾病。临床上表现为呼吸困难、腹泻、神经症状、黏膜和浆膜出血，常呈败血症。

（1）**临床症状** 病鸡精神沉郁，张口呼吸，有痰鸣音，腹泻。病程长者，间有腿麻痹，扭颈、震颤等神经症状。蛋壳质量差，颜色变白。

▲ 病鸡精神沉郁，食欲废绝，拉黄绿色稀粪，缩颈、闭目和嗜睡。

▲ 病鸡排出的黄绿色稀粪。

（2）**病理变化** 扁桃体、盲肠及直肠末端出血，气管黏膜出血，心冠脂肪出血等。

▲ 病鸡出现神经症状，扭颈。

▲ 病鸡产软壳蛋，蛋壳变白。

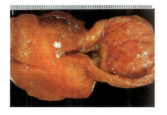
▲ 病鸡腺胃乳头出血，腺胃表面有大量黏液。

▲ 病鸡腺胃充血、出血，腺胃与食管处有黄色溃疡灶。

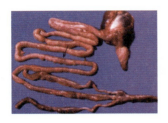

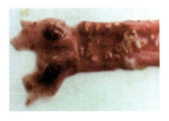

▲ 病鸡肠道出血、肿胀，外观可见出血斑。

▲ 病鸡回肠黏膜和盲肠扁桃体出血、坏死。

▲ 病鸡卵泡变形、出血和破裂。

（3）防治措施

1）科学管理。加强饲养管理，做好生物安全工作。

2）科学免疫接种。首免时间要适宜，最好通过检测母源抗体水平或根据种鸡群免疫情况来确定。没有检测条件的，一般在7~10日龄首免，使用弱毒活苗滴鼻点眼。由于新城疫病毒毒力易变异，可以选用多价的新城疫灭活苗和弱毒苗配合使用，效果更好。

3）发病后措施。鸡新城疫为二类动物疫病，发现后应按相关规定报告、扑杀。

3. 传染性法氏囊病（Infectious Bursal Disease，IBD）

传染性法氏囊病是一种主要危害雏鸡的免疫抑制性传染病。是由传染性法氏囊病病毒引起鸡的一种急性、高度接触性传染病。OIE将其列为B类疫病。

（1）**临床症状**　2~10周龄多发，排水样白色粪便，病雏鸡精神不振，肛门周围粘满污粪；发病突然，发病率高，呈特征性尖峰式死亡曲线，痊愈快。

▲ 病鸡精神不振，缩头、翅膀下垂，羽毛蓬乱。

▲ 病鸡排米汤样白色稀粪。

▲ 病鸡脱水，腿干燥无光。

（2）**病理变化**　发病初期，法氏囊肿大，内有黄色透明胶冻状物，囊内皱褶水肿，出血。胸肌、大腿成条状或斑点状出血。5月后法氏囊急剧萎缩。

▲ 病鸡法氏囊肿大、出血，外观呈紫红色葡萄状，切面可见皱褶增宽，充血、出血、坏死。

▲ 病鸡的腺胃和肌胃交界处黏膜出血。

▲ 病鸡腿内侧肌内有条状或斑状出血。

▲ 病鸡肌肉干燥无光，胸肌有出血条纹和斑块。

▲ 病鸡肾脏肿大，输尿管和肾小管内充满尿酸盐，外观呈灰白色花纹状。

▲ 病鸡肾脏肿大、苍白。法氏囊肿大，外被黄色透明的胶冻状物。

（3）防治措施

1）加强隔离和消毒。

2）免疫接种。除按常规免疫程序外，本病流行严重地区在首免时或间隔1周后注射0.25~0.3毫升多价灭活苗。

3）发病后的措施。①保持适宜的温度（气温低的情况下适当提高舍温）；每天带鸡消毒；适当降低饲料中的蛋白质含量。②注射高免卵黄：20日龄以下0.5毫升/只；20~40日龄1.0毫升/只；40日龄以上1.5毫升/只。病重者再注射1次。③水中加入防治大肠杆菌药物和利尿药物。

4. 传染性喉气管炎（Infectious Layngotracheitis，ILT）

传染性喉气管炎（ILT）由鸡传染性喉气管炎病毒引起的一种鸡急性呼吸道传染病，典型的症状是病鸡呼吸困难、喘气、咳嗽、咳出血样渗出物，病理变化主要集中在喉和气管，表现为喉和气管黏膜肿胀，出血并成糜烂状。

（1）临床症状　伸颈张口呼吸，发出咯咯叫声，后期有强咳动作，时常咳出血痰。

▲ 病鸡呼吸困难，张口喘气、流眼泪。

▲ 病鸡喉部瘀血。

（2）病理变化　喉头和气管全长黏膜面上附着黄白色或血样渗出物。

◀ 病鸡喉头和气管黏膜肥厚、充血，有黄色干酪样物。

◀ 病鸡喉头黏膜出血，气管内有血栓。

（3）防治措施

1）加强卫生管理。

2）免疫接种。

3）发病后的措施。无特效药物。使用抗菌药物，对防治继发感染有一定作用。确诊后可以立即采用弱毒苗紧急接种，或用中草药制剂，也有一定效果。

5. 传染性支气管炎（Infectious Bronchitis，IB）

传染性支气管炎是由冠状病毒科冠状病毒属的鸡传染性支气管炎病毒引起的一种鸡的急性、高度接触性传染病，不但会引起鸡死亡，而且临床型感染和亚临床型感染（常被忽视）均会导致生产性能下降，饲料转化率降低。常继发或并发支原体病、大肠杆菌病、葡萄球菌病等，加之本病病原的血清型多（有呼吸型、肾型、腺胃型、生殖道型和肠型），新的血清型不断出现，给诊断和防治带来较大难度，给养鸡业造成巨大损失。

（1）临床症状　病鸡精神不振，伸颈张口呼吸，带有啰音，翼下垂，产蛋量下降，产畸形蛋。

▲ 病雏鸡精神沉郁，张口呼吸。

▲ 病鸡产白壳蛋、沙壳蛋、畸形蛋、软壳蛋、小蛋（下面的为正常蛋）。

▲ 患肾型传染性支气管炎的病鸡羽毛逆立，精神萎靡。

▲ 患肾型传染性支气管炎的病鸡排米汤样白色稀粪。

（2）病理变化　气管黏膜附着水样或黏稠透明的黄色渗出物；肾脏肿大、苍白、褪色（肾型传染性支气管炎）；卵泡膜充血、出血。

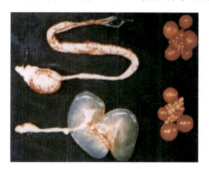

◀ 病鸡输卵管萎缩、变细、变短、有囊肿（上方为正常对照）。

◀ 病毒在鸡胚内复制使胚胎发育受阻（左侧为正常对照）。

◀ 病鸡气管和支气管内有水样或黏稠透明的黄白色渗出物。

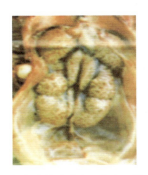

▲ 病鸡肾脏肿大，苍白，呈槟榔花纹状。

▲ 患肾型传染性支气管炎的病鸡肾脏肿大，褪色，尿管变粗，内有白色的尿酸盐沉着。

（3）防治措施

1）加强管理和卫生。

2）免疫接种。7~10日龄首免，H120+Hk（肾型）疫苗1羽份点眼滴鼻；同时注射含有肾型传支和腺胃性传支病毒的油乳剂多价灭活苗0.3毫升/只；25~30日龄H52疫苗1.5羽份眼滴鼻或饮水或气雾免疫。土种鸡和土蛋鸡110~130日龄注射多价传支油乳剂灭活苗0.5毫升/只。

3）发病后措施。①饮水中加入肾肿灵或肾消丹等利尿保肾药物5~7天；饮水中加入速溶多维或维康等缓解应激，提高机体抵抗力。②同时要加强环境和鸡舍消毒，雏鸡阶段和寒冷季节要提高舍内温度。

6. 鸡马立克氏病（Marek's Disease，MD）

鸡马立克氏病是由鸡马立克氏病病毒引起的一种淋巴组织增生性疾病。具有很强的传染性，以引起外周神经、内脏器官、肌肉、皮肤、虹膜等部位发生淋巴细胞样细胞浸润并发展为淋巴瘤为特征。

（1）临床症状　本病早期感染，10周后会陆续表现症状。症状随病理类型（神经型、皮肤型和内脏型）不同而异，但各型均有食欲减退、生长发育停滞、精神萎靡、软弱、进行性消瘦等共同特征。

▲ 神经型马立克氏病病鸡的腿和翅麻痹、瘫痪，呈劈叉状。

▲ 皮肤型马立克氏病病鸡皮肤上有大小不等的肿瘤。

（2）病理变化

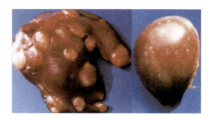

▲ 病鸡的肝脏、脾肿大，变硬（下面是正常的肝脏、脾）。

▲ 病鸡的肝脏、脾上有较多的肿瘤结节。

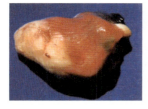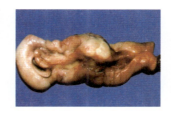

▲ 病鸡心脏表面有较大的白色结节状肿瘤。

▲ 病鸡胰腺表面有较大的白色结节状肿瘤。

▲ 神经型马立克氏病病鸡神经肿大。

（3）防治措施

1）加强环境消毒和饲养管理。

2）免疫接种。1 日龄雏鸡用鸡马立克氏病"814"弱毒疫苗或鸡马立克氏病弱毒双价（CA126+SB1）疫苗。14 日龄左右进行二免。

3）发病后措施。发病后无治疗药物。

7. 鸡痘（Avian Pox，AP）

鸡痘是由痘病毒科禽痘病毒属禽痘病毒引起的一种缓慢扩散、高度接触性传染病。特征是在无毛或少毛的皮肤上有痘疹，或在口腔、咽喉部黏膜上形成白色结节。幼龄雏鸡病情严重，更易死亡。

（1）临床症状　无羽部，尤其是鸡冠、肉髯、嘴角等处出现痘；咽部、喉头、鼻腔和气管处出现痘；皮肤无毛处黏膜部位出现痘。

▲ 病鸡冠和面部有痘节，腿关节和皮肤有结节、溃疡。

▲ 病鸡腿部、趾部溃疡，有痘斑。

▲ 皮肤型鸡痘病鸡眼角、喙角等无毛部位溃疡，有痘斑。

▲ 眼型鸡痘病鸡眼睑有痘、肿胀、有黏性分泌物，冠、肉髯、喙角有痘斑。

（2）病理变化　皮肤型鸡痘的特征性病变是局灶性表皮和其下层的毛囊上皮增生，形成结节。结节起初表现湿润，后变得干燥，外观呈圆形或不规则形，皮肤变得粗糙，呈灰色或暗棕色。结节干燥前切开切面出血、湿润，结节结痂后易脱落，出现痘斑。

黏膜型鸡痘病变出现在口腔、鼻、咽、喉、眼或气管黏膜上。黏膜表面有稍微隆起的白色结节，以后迅速增大，并常融合而成黄色、奶酪样坏死的伪白喉或白喉样膜，将其剥去可见出血糜烂，炎症蔓延可引起眶下窦肿胀和食管发炎。

▲ 病鸡口腔、喉、气管表面有干酪样坏死灶。

▲ 黏膜型鸡痘病鸡的喉头、气管黏膜处有黄白色痘状结节，痘斑不易剥离。

（3）防治措施

1）免疫接种。使用鸡痘鹌鹑化弱毒疫苗翼翅刺种。

2）发病后的措施。目前尚无特效治疗药物，主要采用对症疗法，以减轻病鸡的症状和防止并发症。发生鸡痘后也可视鸡日龄的大小，紧急接种新城疫Ⅰ系或Ⅳ系疫苗，以干扰鸡痘病毒的复制，达到控制鸡痘的目的。

8. 鸡败血支原体（Chronic Respirafory Disease，CRD）

鸡败血支原体又叫慢性呼吸道病，是由支原体引起的一种接触传染性呼吸道病，以呼吸发出啰音、咳嗽、流鼻液和窦部肿胀为特征。

（1）临床症状　病鸡先是流稀薄或黏稠鼻液，打喷嚏，鼻孔周围和颈部羽毛常被沾污。其后炎症蔓延到下呼吸道即出现咳嗽、呼吸困难、呼吸有气管啰音等症状。病鸡食欲不振，体重减轻，消瘦。

▲ 病鸡眼睑粘连，呼吸困难。

▲ 病鸡眶下窦内的干酪样物。

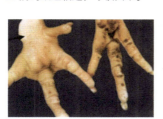
▲ 病鸡趾关节肿大（右侧为正常对照）。

▲ 病鸡翅关节周围滑液囊肿大，内有灰白色渗出物。

（2）病理变化　鼻腔、气管、支气管和气囊中有渗出物，气管黏膜常增厚。胸部和腹部气囊变化明显，早期为气囊轻度浑浊、水肿，表面有增生的结节病灶，外观呈念珠状。随着病情的发展，气囊增厚，囊腔内有大量干酪样渗出物，有时能见到一定程度的肺炎病变。

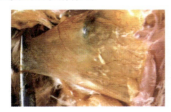
▲ 病鸡气囊增厚、混浊，有黄色干酪样物。

▲ 病鸡腹腔内有泡沫样液。

▲ 病鸡气囊混浊、增厚，囊腔内有白色干酪样物。

（3）防治措施。

1）加强管理。保持雏鸡洁净；保持适宜环境条件；搞好局部免疫和呼吸道黏膜的保护。

2）发病后措施。用链霉素治疗，成年鸡肌内注射 20 万国际单位/只，5~6 周龄幼鸡为 5 万~8 万国际单位/只，早期治疗效果很好，2~3 天即可痊愈。大群治疗时，可在饲料中添加土霉素 0.4%，连喂 1 周。或延胡索酸泰妙菌素可溶性粉（支原净）120~150 毫克/升水饮用 1 周。

9. 大肠杆菌病（Colibacillosis，E. coli）

大肠杆菌病是由大肠杆菌的某些致病性血清型菌株引起的疾病总称。

（1）临床症状和病理变化

1）急性败血型。急性败血型病鸡不显症状而突然死亡，或症状不明显。发病率和死亡率较高，主要病变是纤维性心包炎、肝周炎和腹膜炎。

▲ 部分病鸡离群呆立或拥挤打堆，羽毛逆立，食欲减退或废绝，排黄绿白色稀粪，肛门周围羽毛污染。

▲ 病鸡腹气囊混浊增厚，有纤维素样渗出物。

▲ 病鸡肝脏肿大，瘀血，外有黄白色包膜（纤维素样渗出物），腹部有黄色纤维素膜。

▲ 病鸡心包炎，心包增厚，心包腔内集聚大量的灰白色炎性渗出物，与心肌相粘连。

2）蛋黄囊炎和脐炎。雏鸡的蛋黄囊、脐部及周围组织的炎症，出现卵黄吸收不良，脐部愈合不全，腹部膨大下垂等异常变化。

◀ 病鸡腹部膨大，卵黄呈黄褐色，易破裂。

3）大肠杆菌性肉芽肿。病鸡内脏器官上产生典型的肉芽肿。肝脏上有坏死灶。

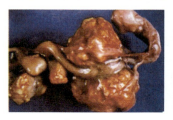

▲ 病鸡在肠系膜上形成的肉芽肿。

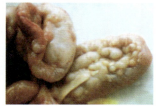

▲ 病鸡的胃、肠浆膜和肠系膜上有大量表面光滑、灰白色的大肠杆菌性肉芽肿。

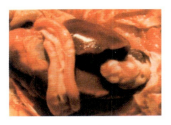

◀ 大肠杆菌肉芽肿病鸡的心脏、十二指肠、胰腺都有肉芽肿病灶。

4）全眼球炎。舍内污浊、大肠杆菌含量高、年龄小的雏鸡易发病。全眼球炎有时出现在其他症状出现的后期，多为一侧性，少数为两侧性。部分肝脏大，有心包炎。

◀ 病鸡眼睑封闭，外观肿胀，里面蓄积脓液或干酪样物，眼球发炎。

5）卵黄性腹膜炎（或称"蛋子瘟"）。输卵管常因感染大肠杆菌而产生炎症，炎症产物使输卵管伞部粘连，漏斗部的喇叭口在排卵时不能打开，卵泡因此不能进入输卵管而跌入腹腔，从而引发本病。

◀ 病死母鸡腹部膨胀、重坠，剖检可见腹腔积有大量卵黄，卵黄变性凝固，肠道或脏器间相互粘连。

6）输卵管炎。多见于产蛋期母鸡，输卵管充血、出血，或内有大量分泌物，产生畸形蛋和内含大肠杆菌的带菌蛋，严重者减蛋或停止产蛋。

◀ 病鸡输卵管炎症，形成囊肿。

7）生殖器官病。患病母鸡卵泡膜充血，卵泡变形，局部或整个卵泡为红褐色或黑褐色，有的硬变，有的卵黄变稀。有的病例卵泡破裂，输卵管黏膜有出血斑和黄色絮状或块状的干酪样物；公鸡睾丸膜充血，外生殖器充血、肿胀。

8）肠炎。肠黏膜充血、出血，肠内容物稀薄并含有黏液血性物，有的病鸡腿麻痹，有的病鸡后期眼睛失明。

（2）防治措施

1）预防措施。做好隔离卫生工作，严格控制饲料和饮水的卫生和消毒，做好其他疫病的免疫，保持舍内清洁卫生和空气良好，减少应激；采用本地区发病鸡群的多个菌株或本场分离的菌株制成的大肠杆菌灭活苗（自家苗）进行免疫接种有一定的预防效果。

2）发病后措施。大肠杆菌易产生抗药性，用药前最好进行药敏试验。每100千克水加8~10克阿米卡星，自由饮用4~5天，或每100千克水加8~10克氟苯尼考，自由饮用3~4天，治疗效果较好。

10. 鸡白痢（Pullorum Disease，PD）

鸡白痢是由鸡沙门菌引起的一种常见和多发的传染病。

（1）临床症状　种蛋感染的一般在孵化后期或出雏器中可见到已死亡的胚胎和垂死的弱雏，出壳后表现衰弱、嗜睡、腹部膨大、食欲丧失，绝大部分经1~2天死亡。出壳后感染的雏鸡，多在孵出后几天才出现明显症状，2~3周龄大量死亡；40~80天的青年鸡也可感染。病程可拖延20~30天；成年鸡白痢多是由雏鸡白痢的带菌者转化而来的，呈慢性或隐性感染，一般看不见明显的临床症状。

▲ 病雏鸡精神沉郁，绒毛松乱，两翼下垂，缩头颈，闭眼昏睡，拉灰白色稀粪。

▲ 病雏鸡同时腹泻，排稀薄如糨糊状粪便，肛门周围绒毛被粪便污染，糊肛。

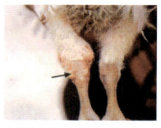
▲ 病雏鸡左侧跗关节肿大，瘫痪。

▲ 病雏鸡眼睛呈云雾状混浊，失明。

（2）病理变化

▲ 病鸡肝脏肿大，有灰白色细小坏死点。

▲ 成年鸡白痢卵巢变性、变形、坏死。

（3）防治措施

1）加强检疫卫生。种鸡场利用血清学试验，剔除阳性反应的带菌者；做好种蛋、孵化过程和雏鸡入舍前后的消毒工作；保持适宜的温度和卫生，使用抗菌药物或微生态制剂预防。

2）发病后措施。磺胺嘧啶、磺胺甲基嘧啶和磺胺二甲嘧啶为首选药，在饲料中添加不超过 0.5%，饮水可用 0.1%~0.2%，连续使用 5 天后，停药 3 天，再继续使用 2~3 次；其他抗菌药物均有一定疗效。

11. 禽霍乱（Fowl Cholera，FC）

禽霍乱（禽巴氏杆菌病、禽出血性败血症）是由多杀性巴氏杆菌引起的多种禽类的传染病。本病常呈现败血性症状，发病率和死亡率很高，但也常出现慢性或良性经过。

（1）临床症状　最急性型几乎看不到症状突然死亡，晚上和肥胖鸡多见。病鸡无特殊病变，有时只能看见心外膜有少许出血点；常见急性型。病鸡除精神沉郁外，常腹泻，排出黄色、灰白色或绿色的稀粪。体温升高到 43~44℃，减食或不食，渴欲增加。呼吸困难，口、鼻分泌物增加。鸡冠和肉髯变为青紫色，有的病鸡肉髯肿胀，有热痛感。最后发生衰竭，昏迷而死亡，病程短的约半天，长的 1~3 天。

▲ 急性禽霍乱病鸡精神沉郁，羽毛松乱，缩颈闭眼，头缩在翅下，不愿移动，离群呆立。

▲ 慢性禽霍乱病鸡肉髯水肿增厚。

（2）病理变化　肝脏的病变具有特征性，肝脏稍肿，质变脆，呈棕色或黄棕色。肝脏表面散布有许多灰白色、针头大的坏死点。

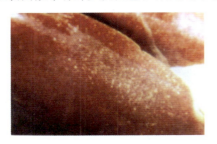

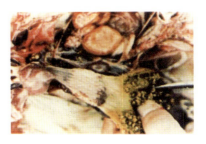

▲ 病鸡肝脏肿大，质脆，表面散在大量灰白色、针尖大的坏死灶。

▲ 病鸡腺胃与肌胃交界处有出血斑。

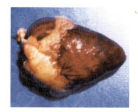

▲ 病鸡心肌和冠状沟脂肪有出血点和出血斑。

▲ 病鸡卵泡出血坏死。

（3）防治措施

1）预防措施。加强饲养管理，严格隔离、卫生和消毒制度；每吨饲料中添加40～45克杆菌肽锌。

2）发病后措施。及时采取封闭、隔离和消毒措施，加强对鸡舍和鸡群的消毒；通过药敏试验选择有效药物全群给药。土霉素（0.1%～0.2%）或磺胺二甲嘧啶（0.2%～0.4%）拌料，连用3～4天。对病鸡按每千克体重青霉素水剂1万国际单位肌内注射，每天2～3次。

二、寄生虫病

1. 球虫病（Coccidiosis）

鸡球虫病是一种或多种球虫寄生于鸡肠道黏膜上皮细胞内引起的一种急性流行性原虫病。雏鸡的发病率和致死率均较高。病愈的雏鸡生长受阻，增重缓慢；成年鸡多为带虫者，但增重和产蛋能力降低。

（1）临床症状和病理变化　急性型病程多为2～3周，多见于雏鸡；慢性型多见于2～4月龄的青年鸡。

▲ 病鸡精神不振，缩颈闭眼。

▲ 病鸡排出红褐色血样粪便。

▲ 病鸡小肠壁增厚，肠内有大量血凝块。

▲ 病鸡小肠肿胀，外表可见大量出血点。

▲ 病鸡盲肠肿胀、膨气，肠壁有大量出血点，内出血严重。

▲ 慢性球虫病病鸡肠壁增厚，苍白，内有脓性内容物。

（2）防治措施

1）加强饲养管理。保持鸡舍干燥、通风和鸡场卫生，定期清除粪便，堆放发酵以杀灭卵囊。定期对设备、用具消毒。补充足够的维生素 K 和给予 3~7 倍推荐量的维生素 A 可加速患球虫病鸡的康复。成年鸡与雏鸡分开喂养，以免带虫的成年鸡散播病原导致雏鸡暴发球虫病。

2）药物防治。氯苯胍、氯羟吡啶（克球粉，可爱丹）、氨丙啉、二硝托胺、马杜霉素、盐霉素（球虫粉，优素精）等都有较好的防治效果。球虫病的预防用药程序是：从 13~15 日龄开始，在雏鸡饲料或饮水中加入预防用量的抗球虫药物，一直用到上笼后 2~3 周停止，选择 3~5 种药物交替使用，效果良好。

2. 组织滴虫病（Histomoniasis）

组织滴虫病是鸡和火鸡的一种原虫病，也称盲肠肝炎或黑头病。本病以肝脏坏死和盲肠溃疡为特征。

（1）临床症状和病理变化　本病的潜伏期一般为 15~20 天，最短的为 3 天。本病的病程一般为 1~3 周，3~12 周龄的雏鸡死亡率高达 50%。康复鸡的粪便中仍然含有原虫。5~6 月龄以上的成年鸡很少呈现临床症状。组织滴虫病的损害常限于盲肠和肝脏。盲肠的一侧或两侧发炎、坏死，肠壁增厚或形成溃疡，有时盲肠穿孔，引起全身性腹膜炎。

◀ 有些病鸡的头皮常呈紫蓝色或黑色（黑头病）。

▲ 病鸡排黄白色石灰水样粪便，恶臭。

▲ 病鸡盲肠肿大，肠黏膜坏死，肠腔内含有大量坏死物。

▲ 病鸡肝脏上形成呈圆形的坏死灶，中心凹陷，周边隆起（纽扣状坏死灶）。

▲ 病鸡盲肠肿胀，内有白色干酪样栓塞。

（2）防治措施

1）预防措施。加强卫生管理；使用噻咪唑（驱虫净），40~50毫克/千克体重驱除异刺线虫。

2）发病后措施。甲硝唑，25毫克/千克体重混料，连喂3天后，间隔3天，再喂3天。严重不食鸡，用1.25%甲硝唑溶液灌服，用量为1毫升/（只·次），每天灌药3次，持续灌药3天；或中药治疗，30克甘草、50克山楂、50克白芍、50克木香、50克大白药、100克板蓝根、100克大黄混合粉碎，按1%~1.5%比例添加到饲料中饲喂，连续饲喂5天即可控制病情。在用中药治疗期间，可以搭配应用甲硝唑及口服补液盐，以达到更理想的治疗效果。

3. 鸡蛔虫病

鸡蛔虫病是由禽蛔属的鸡蛔虫寄生于鸡的小肠引进的一种寄生虫病，本病广泛分布于世界各地，在我国鸡蛔虫病也是最常见的一种寄生虫病。在大群饲养的情况下，尤其是地面饲养的鸡群，感染十分严重，影响雏鸡的生长发育、产蛋鸡的产蛋率，甚至引起大批死亡，给养鸡业造成巨大经济损失。

（1）临床症状和病理变化　雏鸡表现生长发育缓慢，精神不佳，呆立不动，鸡冠、肉髯、眼结膜苍白、贫血。消化机能障碍，食欲减退，腹泻和便秘交替，有时粪中带有血液，有时还可见随粪便排出的虫体，逐渐衰竭而死亡。成年鸡为轻度感染，不表现症状。感染强度较大时，表现为腹泻，产蛋量下降和贫血等。

▲ 鸡蛔虫引起营养不良和羽毛蓬乱，精神不佳。

▲ 粪便中的虫体。

◀ 肠道中有大量的线虫。

（2）防治措施

1）预防措施。同一鸡舍内不得同时饲养雏鸡和成年鸡，并且使用各自的运动场；鸡舍和运动场应每天清扫、更换垫料，料槽和饮水器每隔1~2周应以开水消毒1次；在蛔虫病流行的鸡场，每年应定期进行2~3次预防性驱虫。雏鸡到2月龄时进行第一次驱虫，以后每4个月驱虫1次。

2）发病后措施。阿苯达唑、奥芬达唑、芬苯达唑、甲苯咪唑、氟苯达唑、左旋咪唑、伊维菌素、阿维菌素等药物均有疗效，拌入饲料中混饲，或能溶于水的药物混饮。伊维菌素预混剂（按伊维菌素计）200~300微克/千克体重，全群拌料混饲，1次/天，连用 5~7 天。或阿苯达唑预混剂（按阿苯达唑计）10~20 毫克/千克体重·次，全群拌料混饲，必要时可隔 1 天再内服 1 次。或盐酸左旋咪唑可溶性粉（按盐酸左旋咪唑计）25 毫克/千克体重·次，全群加水混饮，一般 1 次即可，重症者 4 周后再给药 1 次。或伊维菌素注射液 200~300 微克/千克体重，颈部皮下注射，用药 1 次即可，必要时 1 周后再给药 1 次。

三、普通病

1. 痛风

鸡痛风是一种蛋白质代谢障碍引起的高尿酸血症，其病理特征为血液尿酸水平增高，尿酸盐在关节囊、关节软骨、内脏、肾小管及输尿管中沉积。

（1）临床症状和病理变化　病鸡主要表现精神沉郁，有时突然受惊、鸣叫，食欲减退或废绝，腹泻，排白色黏液状稀便。内脏型痛风在胸膜、腹膜、肺脏、心包、肝脏、脾、肾脏、肠及肠系膜的表面散布许多石灰样的白色尖屑状或絮状物质（尿酸钠结晶）。关节型痛风，切开肿胀关节，可流出浓厚、白色黏稠的液体，滑液含有大量由尿酸、尿酸铵、尿酸钙形成的结晶，沉着物常常形成一种所谓"痛风石"。

◀ 病鸡趾部肿胀变形（右侧为正常对照）。有的病鸡行走困难，不能站立，膝关节肿大。

▲ 病鸡心脏、肝脏、腹腔等表面有白色石灰样物质附着。

▲ 病鸡脾有白色灶状结节。

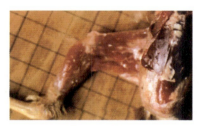
▲ 内脏型痛风的病鸡肌肉内沉积有灰白色尿酸盐。

▲ 内脏型痛风的病鸡胸膜、腹膜、肠系膜等都有灰白色尿酸盐。

（2）防治措施

1）预防措施。加强饲料管理，防止饲料霉变；饲料中蛋白质和钙含量适宜；科学用药和加强饲养管理，减少疾病发生。

2）发病后措施。鸡群发生痛风后，首先要降低饲料中蛋白质含量，适当给予青绿饲料。并立即投以肾肿解毒药，按说明书进行饮水投服，连用3~5天，严重者可增加1个疗程。

2. 维生素 A 缺乏症

维生素 A 缺乏症　由于日粮中维生素 A 供应不足或消化吸收障碍引起的以黏膜、皮肤上皮角化变质，生长停滞，眼干燥症和夜盲症为主要特征的营养代谢性疾病。

（1）临床症状和病理变化

▲ 病雏鸡羽毛粗乱，消瘦，精神沉郁、眼睑肿胀。　　　▲ 病雏鸡生长发育不良。

▲ 病鸡眼角膜混浊。　　　▲ 病鸡食道黏膜上皮增生，有白色脓疱。

（2）防治措施

1）应消除病因，如停喂贮存过久或霉变饲料。为了预防维生素 A 缺乏症，养鸡场应时刻注意根据鸡的生长与产蛋不同阶段的营养需要，给予足够的维生素 A。

2）对发病鸡应向饲料中补充维生素 A，使日粮中维生素 A 含量达 10000 国际单位/千克。在短期内给予大剂量的维生素 A，对急性病例疗效迅速而安全；但慢性病例不可能完全康复。维生素 A 在体内有蓄积作用，不能长时间过量使用，以防发生中毒。

3. 鸡维生素 E-硒缺乏症

维生素 E-硒缺乏症是由维生素 E 和硒缺乏而引起的以肌营养不良为特征的营养代谢性疾病。

（1）临床症状和病理变化

▲ 病雏鸡脐带愈合不良。

▲ 病鸡表现渗出性素质。胸腹部皮下蓄积多量黄色、浅绿色或蓝绿色胶冻样水肿液。

▲ 病鸡胸部和腿部肌肉浑浊、水肿、出血及出现灰白色条纹或斑点。

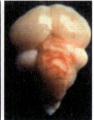

▲ 病鸡脑部水肿，脑回平坦并有出血点（左图），小脑出血（右图）。

（2）防治措施

1）停止使用品质不好的油脂，发霉、变质的鱼粉、肉粉、饼粕等。在高温高湿季节饲料贮存期不宜过长，一般不要超过 5 天。饲料中添加足量的维生素 E 和亚硒酸钠，以防发生维生素 E 缺乏症。

2）在生产实践中，维生素 E 缺乏与硒缺乏常常同时发生，脑软化、渗出性素质和肌营养不良往往交织在一起。因此，在防治上应注意同时使用维生素 E 和硒制剂。每千克饲料中可添加维生素 E 20 国际单位、亚硒酸钠 0.2 毫克、蛋氨酸 2~3 克，连续饲喂 10~15 天，效果良好。

4. 维生素 B_1 缺乏症

由于维生素 B_1（硫胺素）缺乏而引起土鸡碳水化合物代谢障碍及神经系统病变为主要特征的疾病称为维生素 B_1 缺乏症。

（1）临床症状和病理变化

◀ 病鸡呈"观星"姿势。以跗关节和尾部着地坐在地面或倒地侧卧。

（2）防治措施　一般多采用复合维生素 B 饮水或拌于饲料中喂服。对厌食的病鸡应以维生素 B_1 水滴服。因维生素 B_1 代谢较快，每天应给予 3~4 次，连用 4~5 天。

5. 维生素 B_2 缺乏症

维生素 B_2 又称核黄素。维生素 B_2 缺乏症是以幼雏的趾爪向内蜷曲，两腿发生瘫痪为主要特征的营养代谢病。

（1）临床症状和病理变化

◀ 病鸡脚趾向内卷曲，跗关节着地，展开双翅以维持身体平衡。

（2）防治措施

1）为预防本病的发生，雏鸡一开食就应喂给按营养标准配制的全价日粮。日粮中维生素 B_2 的含量，雏鸡料应达 4 毫克/千克，育成鸡料中应达 5 毫克/千克，产蛋种鸡料应不低于 6 毫克/千克。

2）在发病初期，补充适量的维生素 B_2，有一定的治疗作用。假如病鸡已出现爪趾蜷曲，坐骨神经肿大变性，即使用大剂量维生素 B_2 治疗，也难奏效，病理变化无法恢复。

6. 鸡异嗜癖症

异食癖是由于代谢机能紊乱和营养物质缺乏引起的一种非常复杂的味觉异常综合征。

（1）临床症状　表现为啄肛癖、啄卵癖、啄羽癖、啄趾癖和啄头癖。啄肛癖危害最大，被啄者常死亡。

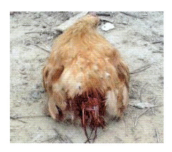

▲ 啄肛癖。啄食肛门或肛门以下几厘米的腹部。肛门被啄出血。

▲ 啄羽癖。翅部羽毛被啄，皮肤受损出血。

（2）防治措施

1）预防为主，及时断喙；加强饲养管理，供给全价饲料，保持适宜的饲养密度和光照强度。

2）鸡群发生异食癖后，应尽快查明发生原因并使其消除。及时隔离被啄鸡并单独饲养。在饲料中添加羽毛粉、蛋氨酸、啄肛灵、硫酸亚铁、维生素 B_2 和生石膏等。其中以生石膏效果较好，按 2%~3% 的含量加入饲料喂半个月左右即可。

◀ 鸡鼻环。适用于成年鸡，发生恶食癖时，给全部鸡戴上，可防止啄肛发生。

7. 黄曲霉毒素中毒

黄曲霉毒素中毒是鸡的一种常见中毒病，本病由发霉饲料中霉菌产生的毒素引起的。本病的主要特征是危害肝脏，影响肝功能，肝脏变性、出血和坏死，腹水，脾肿大及消化障碍等，并有致癌作用。

（1）临床症状和病理变化　2~6 周龄雏鸡敏感。成年鸡耐受性稍高，多为慢性中毒。

▶ 病鸡精神沉郁，嗜睡，食欲不振，消瘦。贫血，鸡冠苍白，虚弱，尖叫，排浅绿色稀粪，有时带血，腿软不能站立，翅下垂。

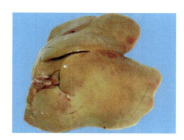

▲ 肝脏肿大、色黄。

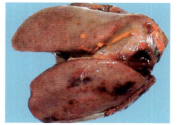

▲ 肝脏质地变硬，有出血斑点。

（2）防治措施

1）平时做好饲料贮存，注意通风，防止发霉。不用霉变饲料喂鸡。为防止发霉，可用福尔马林对饲料进行熏蒸消毒。

2）目前对本病还无特效解毒药，发病后应立即停喂霉变饲料，更换新料，饮服5% 葡萄糖水。用 2% 次氯酸钠对鸡舍内外进行彻底消毒。中毒死亡鸡要销毁或深埋，不能食用。鸡粪便中也含有毒素，应集中处理，防止污染饲料、饮水和环境。

参 考 文 献

[1] 魏刚才. 高效养土鸡 [M]. 北京：机械工业出版社，2014.

[2] 王新华，等. 鸡病诊治彩色图谱 [M]. 北京：中国农业出版社，2003.

[3] BESTMAN M，等. 蛋鸡的信号 [M]. 马闯，马海燕，译. 北京：中国农业科技出版社，2014.

[4] 贺晓霞. 肉鸡规模化健康养殖彩色图册 [M]. 长沙：湖南科学技术出版社，2016.